Richard Mauterer

Die kleine Spur ganz groß im Kommen

Märklin Spur 00/H0

1935-47

Autor: Richard Mauterer
Bilder: Richard Mauterer, Stefan Ebneth
Sammlung: Dr. Rudolf Schweinhammer, Stefan Ebneth, Richard Mauterer

(Merkmale des Dritten Reiches auf den Fotos wurden retouchiert!)

Umschlaggestaltung: Buchschmiede von Dataform Media GmbH

Druck und Vertrieb im Auftrag des Autors: Buchschmiede von Dataform Media GmbH, Wien
www.buchschmiede.at

PRINTED IN AUSTRIA

ISBN: 978-3-99129-653-9 (Hardcover)

Inhaltsverzeichnis

Märklin 00

Die kleine Spur ganz groß im Kommen

Ein paar persönliche Zeilen von mir vorab: Der vorliegende Bildband befaßt sich ausschließlich mit dem im Titel genannten Zeitraum. Mein persönlicher Wunsch war ein kompaktes Buch mit vielen Bildern und allen westlichen informationen zu machen. Ich gehe ganz bewußt nicht auf Untervarianten und diverse Details ein. Dazu gibt es erstklassige Fachliteratur in Form von Sammlerkatalogen. In diesem Buch stehen die Modelle im Vordergrund, mit meinen persönlichen Favoriten: Export Modelle für Großbritannien und USA.
An dieser Stelle möchte ich auch noch einmal meinen herzlichen Dank zum Ausdruck bringen - an Herrn Stefan Ebneth, der mir freundlicherweise für dieses Buchprojekt sämtliche Exportmodelle in Bildform zur Verfügung gestellt hat.
Ein großes Dankeschön geht auch an Herrn Dr. Rudolf Schweinhammer! Seine Sammlung war ausschlaggebend für die Entstehung dieses Buches, von mir als Autor sind die Kleinteile, Schienen und Teile die nicht so im Vordergrund stehen eingeflossen.

Im Frühling 1935 waren die ersten Versuche mit der neuen 00 erfolgreich vorgestellt worden, allerdings als Zweileiter Gleichstrombahn. Lokomotive war die spätere R700 sowie ein paar handgelötete Personen- und Güterwagen, gerade und gebogene Schienen, Weichen für Handbetrieb; des weiteren eine richtige Innovation: "das Regulier Gleis", wobei unklar ist, ob zu diesem Zeitpunkt schon die Bezeichnung "AR 3600" feststand?
Die Besonderheit von diesem Regulier Gleis war folgende: es gab zu diesem Zeitpunkt nur Stelltransformatoren ohne Feinregulierung (stufenlose Geschwindigkeitsregelung). Mit Hilfe des AR 3600 konnte man einen der schwächeren Stromausgänge am Trafo benutzen und in weiterer Folge mit dem Regulier Gleis von Hand die Geschwindigkeit einstellen bzw regulieren. Zubehörteile wie Gebäude und Signale waren in Planung.

Richtig erfolgreich war dann die Vorstellung auf der Herbstmesse (1935), aber jetzt mit Wechselstrombetrieb, und den für uns Märklinfreunde bekannten Mittelleitergleisen (der Mitteleiter ist 1935 nur ein mm stark).
Das 00 Programm war innerhalb von sechs Monaten von einem Prototypen zur vollwertigen Eisenbahn mit beliebigen Erweiterungsmöglichkeiten geworden. Anfangs zwar nur mit zwei Lokomotiven der Dampflok R 700 und der E-lok RS 700, vier Güterwagen (Rungen-, Hochbord-, Gedeckter Gw., Shell Kesselwagen) und zwei Personenwagen Typen: dem 327 (eine zweiachsige "Donnerbüchse") und den vierachsigen Einheitswagen 341 - 343, wobei der 341 in grün als Reisezugwagen, der gleiche Wagentyp als 342/343 in rot als Speise- bzw Schlafwagen und in blau als internationale Speise- und Schlafwagen 342/343 ausgeliefert wurden. Die passenden Packwagen in grün 328, 344 und blau 344J kamen erst im Folgejahr auf den Markt.

1936 beschränkte sich das Zubehör am Vorstellungstag auf den Güterschuppen, zwei Stück Bahnhöfe, ein Lampenmodell (grüne Ringkopflampe), eine rote Brücke (fünf cm breit), ein Bahnsteig Modell (Sockel ein cm hoch), Haupt- und Vorsignal für Handbetrieb, eine Schrankenanlage (Handbetrieb), einen Blechtunnel. Alle Modelle wurden in solider

Blechausführung zum Teil von Hand verlötet ausgeführt und handwerklich tadellos lackiert. Eine weitere Besonderheit dieser Anfangszeit war der vermehrte Einsatz von Zinkdruckguß. Entsprechende Erfahrung mit diesem Material hatte man schon bei den großen
Spuren gemacht (z.B. die wunderschönen Gußautos oder die Pfeifeinrichtung für die Eisenbahn). Es war ein Material, das schier unglaubliche Möglichkeiten zuließ; vor allem in der Feinheit und Detailtreue bei den geplanten Modellen.
Zu diesem Zeitpunkt konnte noch keiner ahnen, welche fatalen Folgen die Verunreinigungen in der damaligen Metalllegierung haben würden (die Erkenntnis kam erst ein paar Jahre später).
Bleiben wir noch einen Moment beim "Wundermaterial" dem Zinkdruckguß; mit diesem Material ließen sich auf einmal hochkomplexe Bauteile herstellen; z.B. die Gußfahrwerke für die Lokomotiven der 700er Serie, Räder im Allgemeinen auch für die großen Spuren 0 und 1, kurze Zeit später auch für Gehäuse wie zB. HR 700 od HS 700 sowie Signale und vieles mehr.

Die Weiterentwicklung nach 1936

Nach erfolgreichem Start mit der neuen 00 Bahn ging die Produktentwicklung stetig voran. Z.T. in wirklich kurzen Abständen (Monaten) auch die Angebotspalette wurde sukzessive größer. Die Weichen bekamen elektromagnetische Antriebe, das Schienenmaterial einen stärkeren Mittelleiter (jetzt zwei mm stark). Bei der Dampflokomotive R 700 wurde der Rahmen verstärkt; hier ist anzunehmen, daß Reklamationen schon im neuen Jahr 1936, also nach der Weihnachtszeit 1935 bei den Händlern eingelangten, (bedingt durch den äußerst dünnen Vorgängerrahmen). Bei der RS 700 änderte sich ebenfalls der Rahmen. Waren bei der Erstversion die Treppen noch freistehend, wurden sie jetzt massiv verstärkt und mit dem restlichen Rahmen verbunden, auch das Blechgehäuse unterlag einer kleinen Veränderung: Beim 1935 gebauten Bahnsteig, der noch komplett verlötet war, wurde der Sockel höher, die Bahnsteig/ Aufbau Verbindung gelascht. Bei den Personenwagen waren ab nun die Packwagen Modelle verfügbar (z.B. der Packwagen 328 und 344 bzw 344J), und als zusätzliche Neuheit gab es die Packwagen auch mit montierter Beleuchtung inkl. Schleifer (328 B und 344 B bzw 344 JB). Es wurde auch das zweiachsige Gußfahrwerk der beiden Lokomotiven R und RS 700 verändert; wobei zu erwähnen ist, daß die Fahrwerke bis auf die Bohrungen für den Lampeneinsatz ident waren. Eine Neuheit war die Stromlinienlokomotive SLR 700 (zweiachsiges Fahrwerk und zweiachsiger Tender). Der Triebwagen TWE 700 in elfenbein/roter Farbgebung, in weiterer Folge noch der TWE 700 R (rot) und der TWE 700 B (in blau). Neuheiten in diesem Jahr betrafen auch die elektromagnetischen Signale mit Zugbeeinflussung und Beleuchtung, z.B. das Lichthauptsignal 478 EMG.
1937 nahm die Weiterentwicklung immer mehr Fahrt auf: Es kamen als Neuheiten die große Dampflokomotive HR 700 und die große Elektrolokomotive HS 700 auf den Markt.
Bei den Gebäuden tat sich auch etwas; es kam die Halle 424B (passend zum Stuttgarter Bahnhof), der moderne größere Güterschuppen 428 und der Bahnhof 418 (Friedrichshafen) dazu. Auch bei den Signalen gab es Erweiterungen - kurzum: das Sortiment und die Entwicklung blieben permanent in Bewegung. Ein gutes Beispiel dafür war die T 700 eine zweiachsige Tenderlokomotive, die es über die Vorserie (von zwei oder maximal drei Dutzend Stück) nicht hinaus schaffte, weil im Jahr 1938 in der Entwicklungsabteilung schon die 800er Serie in den Startlöchern stand und demzufolge die geplante T 700 gleich als T 800 bei der nächsten Gelegenheit als neues Serienmodell vorgestellt wurde.

Vorserienmodell T 700

Anmerkung zur Bewegung 1937: Diese ist historisch der damaligen Zeit geschuldet; zu sehen in Form von einem Zubehörteil mit der Kat.Nr. 406. Nämlich der Fahnenmast mit Hakenkreuzflagge und dem Personenwagen 351F mit seitlich aufgesetzten Adler, der das Hakenkreuz hält.

1938

Wie schon im Schlußsatz von 1937 beschrieben, war eine der Neuheiten von 1938 die 800er Serie mit der "Perfekt Schaltung". Diese neue Schaltung ermöglicht den Fahrtrichtungswechsel über den Trafo mittels Drücken des Regulierknopfes auf jedem Punkt der Anlage - Riesensensation für den Anlagenfahrer.

Die bekannten Modelle wie R, SLR, HR und HS waren nun in beiden Versionen erhältlich: als 700er oder 800er Modelle. Rein optisch sind zwischen den Modellen nur geringe Unterschiede zu erkennen, aber technisch betrachtet war es ein evolutionärer Sprung. Bei allen Typen waren neue Formen angefertigt worden: Gehäuse, Rahmen, Motorgehäuse, Bürstenschild, Relais Rahmen und Fahrwerk, auch die Räder waren viel breiter als bei den 700er Modellen. Nicht zu vergessen: die Steuerung bei der HR 800, die viel eleganter als beim Vorgängermodell HR 700 war.

Technische Anmerkung zu den Fahrwerken:

Beispielsweise waren beim 700er Fahrwerk, Fahrgestell und Motorgestell ein Gußteil, das "nur" mit den elektrischen Komponenten und den Rädern bestückt wurde. Beim 800er Fahrwerk gab es den Fahrwerksträger, den Relais Rahmen (am Fahrwerk verschraubt) und den verschraubbaren Motor (der aus zwei Gußteilen besteht).

Neben den kompletten Neuentwicklungen bei den Lokomotiven, kam auch noch die funktionierende Oberleitung. Die Lokomotiven der Serie 700 waren noch ohne Umschalter für Oberleitungsbetrieb, das änderte sich mit den Lokomotiven der Serie 800. Nun war ein Handschalthebel verbaut, der die Umstellung von Unter- auf Oberleitungsbetrieb möglich machte. In weiterer Folge war so auch Zweizugbetrieb auf einem Gleis möglich. Am Zubehör Sektor gab es ebenfalls wieder etwas Neues, und zwar die Gußlampen 448/1 und 448/2, ein und zweiarmig, sowie den Tunnel 452N.

1939 kamen zwei richtige Highlights auf den Markt: die optisch, eine echte Augenweide seiende. SK 800 in grün, und mindestens genauso schön, der zweiteilige Triebwagen TW 800 in violett-elfenbein. Die nächste Revolution am Zubehör Sektor war eine voll funktionsfähige Drehscheibe 410 M und der Fahrdienstleiter 455.

SK 800.1 Bj. 1939

Die tollste Entwicklung des Jahres 1939 war zweifellos die Bügelkupplung. Jedem Märklin Sammler, -spieler und -fahrer bekannt, unter der Bezeichnung BK 4 (vernickelte Bügelkupplung). Diese Kupplung ist zwar über die Jahrzehnte immer wieder verändert worden, aber das Prinzip ist bis zum heutigen Tag gleich geblieben. Noch heute funktioniert es schlicht und einfach perfekt. Mit dieser Entwicklung ging eine weitere Innovation einher: das Entkupplungsgleis EK3600. Mit dieser Kombination aus Bügelkupplung und EK 3600 war auf einmal Rangierbetrieb möglich, oder ein Abrollberg; es konnte ein richtiger Bahnbetrieb abgehalten werden, also pures Spielvergnügen für Klein und Groß!

1940 -1942

Es kann davon ausgegangen werden, daß die Entwicklung im Haus Märklin nicht abgeschlossen war. Ein Beispiel dazu: bei den zweiachsigen Güterwagen wurde bei den Achshaltern, aus der einzeln geprägten Feder, ein Federpaket mit vier angedeuteten Federn. Ob das allerdings noch 41/42 umgesetzt wurde oder erst nach dem Krieg, weiß man nicht?
Bei der, sich jetzt immer mehr zuspitzenden geopolitischen Lage, war es für die Entwicklung bzw. Weiterentwicklung eine Vollbremsung in jeder Hinsicht. Der Mehrfrontenkrieg der deutschen Wehrmacht machte sich massiv bemerkbar. Zwar noch nicht unbedingt für die deutsch-österreichische Zivilbevölkerung, aber in Handelsbeziehungen brodelte es.

Weihnachten 1940 war noch "relativ" normal, aber der Krieg hatte an anderer Stelle massive Auswirkungen. Es wurde mehr militärisches Personal und vor allem Soldaten benötigt, die natürlich aus allen Bevölkerungsschichten ab- bzw. eingezogen wurden (egal ob Handwerker oder Akademiker).
Kriegswichtige Materialien wurden auf einmal Thema (Stichwort: Metalle). Der Spielzeugindustrie wurde durch die politischen Akteure keine Bedeutung mehr beigemessen.
Obwohl, und das sollte nicht unerwähnt bleiben, Hermann Göring ein großer Freund von Märklin und ihren Produkten war, und etliche Sonderanfertigungen für Ihn persönlich produziert wurden (auch noch 1940 und 1941), wurde der Fa. Märklin keine Sonderstellung zuteil.

Der Krieg nahm seinen Lauf - der Export nach Großbritannien fiel mit Ende November 1938 weg. Die schon vorgefertigten bzw. lackierten Stücke für GB wurden jetzt in der beginnenden Mangelzeit zum brauchbaren Werkstoff. Bei den Lokomotiven wie R, HR und SLR wurde bei den rotbraunen und grünen Tender einfach die Stempelung mit den passenden Lacken vollflächig übermalt oder zum Teil entlackt und schwarz lackiert,bzw.manche Chargen wurden ohne Überarbeitung schwarz überlackiert (diese Stücke sind unter Sammlern sehr gesucht). Die Wagen 342 und 343 bzw. 352 und 353 wurden rück übermalt und rück gestempelt (ebenfalls gesuchte Sammlerstücke).

Im Dezember 1941 fand der Angriff auf Pearl Harbour statt. Damit stand das Deutsche Reich ebenfalls mit den USA offiziell im Krieg - das bedeutete natürlich das Aus für Handelsbeziehungen!
Zugleich zeichnete sich im Kriegswinter 1941/42 die Katastrophe für die Deutsche Wehrmacht im Rußlandfeldzug ab. De facto war Deutschland in diesem Winter besiegt, doch der Krieg dauerte noch bis Mai 1945. Im bestehenden Märklin Programm bildete sich diese Entwicklungen von 1941 unmittelbar ab. Spätestens jetzt war der Materialmangel endgültig spürbar, ebenfalls die Personalnot. Der Absatz war rückläufig.

Die Materialknappheit ab 1941/42 sah man z.b. anhand der Puffer, die vorher Alu Drehteile waren und nun aus minderwertigem Guß (Ersatzstoff) waren, Kupplungen wurden nicht mehr vernickelt, Kleinteile wie Zahnräder und ähnliches ebenso. Wagenböden, die vorher schwarz lackiert waren, wurden nun brüniert, bei vielen Wagen fiel der farblose Decklack weg - und viele Kleinigkeiten mehr waren durch den Krieg einfach nicht mehr möglich. Ab Ende Mai, spätestens Anfang Juni 1945 wurde der Betrieb wieder aufgenommen.

Die Bedingungen waren jetzt so ähnlich wie bei Kriegsbeginn: Materialmangel, Arbeitskräftemangel aber interessanterweise keine Absatzprobleme in Richtung USA (über PX-Läden). Ganz allgemein wurde das bestehende Programm von 1942 (in stark abgespeckter Form) wieder weitergeführt. Es wurden einfach alle Reste, die noch da waren, verwendet. Der Maschinenpark war noch vorhanden.

Für die PX-Läden wurden eigene Packungen zusammengestellt: z.B. SK 800 schwarz od brüniert (mit Klappe, ohne Klappe, oder mit angegossenen Handläufen) es wurde verwendet was noch da war. Weiters vier Stück Personenwagen 351-354 handlackiert, ein Schienenoval mit Ausweichmöglichkeit, ein Paar Weichen, vier Stück Verlängerungskabel und ein Trafo. Die gleiche Packung gibt es auch mit der HR 800.

Eine Besonderheit der PX-Packungen 1945 war ein großer brauner Überkarton, in dem die Lokomotiven, Wagen, Schienen, Weichen und der Trafo in separaten beigen Einzelkartons verpackt wurden.
Es gab auch noch Packungen mit einer RS 800 und 2achsigen Personenwagen, RS 827/4 oder mit vier 2achsigen Güterwagen RS 856/4.

PX-Packung mit RS 800 mit vier zweiachsigen Personenwagen und einem Schienenoval Bj. ca 1946.

So konnte das Werk in relativ kurzer Zeit (Mitte bis Ende 1946) wieder einen fast regulären Betrieb aufnehmen - allerdings noch mit Materialmangel. Es dauerte noch bis 1947, daß der deutsche Markt wieder bedient werden durfte.

351-354 PX-Version, handlackiert, gestempelt, Bj. 1946-47

SK 800 Bj. 1945, brüniert

Fälschungen

Grundsätzlich wird alles gefälscht, wo manch einer das große Geld vermutet. Egal welchen Bereich es betrifft; sei es am Bildermarkt, Automarkt, bei Möbeln, Münzen usw. Das gilt natürlich auch für die Eisenbahn. Fälschungen bei Märklin-Stücken sind in allen Bereichen anzufinden, speziell bei den schönen alten Stücken aus der Frühzeit (um die Jahrhundertwende). Hier gibt es nichts, was es nicht gibt: ganze Schiffe, Bahnhöfe, Zubehörteile, spezielle Spielzeuge usw..

Bei der Miniaturbahn 00 sind es in erster Linie die Export Lokomotiven für Großbritannien (in den Farben grün und rotbraun). Weiters die werksseitig teil übermalten vierachsigen Personenwagen mit LMS Umstempelungen. Am regulären Sektor betrifft es die SK 800.1 in grün, wobei hier z.T. wirklich dreist vorgegangen wird: wenn nämlich das falsche Modell umlackiert wird (Anm.: Es geht um die Befestigungs Splinte bei der Galeriestange - Version 1 mit sieben Befestigung Splinten, nur die wurde grün gefertigt, nachfolgende Versionen sechs Splinte). Ein weiterer Kandidat ist der Güterschuppen von 1935, als komplette Fälschung. Oder der Reisezugwagen 351F, in den nachträglich in die Seitenwände Löcher gebohrt und gefälschte Hoheitszeichen (Adler hält das Hakenkreuz) angebracht werden. Sogar der gedeckte Güterwagen 381S mit Dach-Schlußlicht wird gefälscht. Ebenso die Personenwagen 341SB und 351SB - es ließen sich noch weitere Beispiele anführen.

Ein weiteres, großes Thema sind die Kartonagen, auch hier gilt: Es gibt nichts was Es nicht gibt!
Z.B. Export Packungen für GB: eine Originalschachtel wird ganz einfach mittels einer billigen Kopie vom Aufkleber umgelabelt - fertig ist die extrem seltene Exportpackung. Damit die Sache in sich stimmig wird, kommt eine gefälschte Lokomotive als Draufgabe hinein.

Zusammenfassend muß gesagt werden: wenn man als Sammler Interesse an den speziellen Stücken hat, sollte man unbedingt mehrere Meinungen einholen. Es gibt genug Sammler, die gerne bereit sind, mit fachkundigem Wissen, Hilfestellungen anzubieten - sei es in Foren oder auch bei Veranstaltungen wie Messen etc.. Literatur zum Thema gibt es zudem auch am Markt. Eine sehr große Hilfe ist grundsätzlich ein gesundes Mißtrauen mitzubringen. Wenn etwas zu schön ist um wahr zu sein, dann ist dem meistens auch so!

Exportmodelle für USA und GB

Eine große Rolle spielte der Export in die USA und Großbritannien mit der neuen 00 Bahn, wobei es gerade bei den USA - aus heutiger Sammler Sicht ein paar Besonderheiten gibt. Zum einen wurde die R 700 A ab 1936 mit einem Kuhfänger an der Pufferbohle versehen und die Wagen bekamen auf der Unterseite einen grell-orangen Stempel (Export-Stempel) "Made in Germany".

1936: Es kam als Neuheit - die SLR 700 als Stromlinien-Lokomotive (stark verkürzt gegenüber dem Vorbild in Spur 0) auf den Markt, diese Lokomotive gab es in den großen Spuren als Commodore Vanderbilt (sechsachsige Dampflok mit Tender der New York Central Lines).
1937 folgte die "Neuheit": HR 700 A, auch mit Kuhfänger versehen, passend die Packung z.B. HR 741 A.

1938 kamen dann die Lokomotiven der Serie 800 dazu, mit der "Perfekt Schaltung", die Modelle R800 A und HR 800 A (auch mit Kuhfänger). In weiterer Folge gab es z.B. die Packung HR 841 A oder R 865 A.

Ein sehr spannendes Thema sind hier die "Export-Packungen". Zum Einen, weil sie sehr schwer zu finden sind, zum Anderen durch unzählige Fälschungen bei den Kuhfängern (als Markenzeichen einer US Lok) und bei den Lokomotiven insgesamt.
Man muß davon ausgehen, daß zumindest jede dritte HR 700 bzw. jede zweite HR 700 A eine komplette Fälschung ist. Der Grund dafür ist recht einfach: am Replika-Markt lassen sich alle Teile beschaffen, um eine ganze Lok komplett neu zu bauen. Besonders schlimm stellt sich dieses Problem bei den Export-Modellen für Großbritannien dar, wo noch die Lackierung eine Hauptrolle spielt.
Aber ganz allgemein lassen sich diese Fälschungen sehr leicht als solche identifizieren.

Die Export-Packungen nach Großbritannien sind ebenfalls aus heutiger Sicht ein richtiger Augenschmaus; wenn man die R 700 in grüner LNER- oder rotbrauner LMS-Lackierung sieht.
Im Unterschied zu Amerika, lief der Export nach GB nicht so schnell an. Erst 1937, hier dürfte noch der vorangegangene Erste Weltkrieg eine Rolle gespielt haben.
Das späte Anlaufen im Exportgeschäft könnte man aus heutiger Sicht als böses Omen deuten, denn Ende 1938 war schon wieder Schluß mit dem Export.

Ein markantes Datum zum Ende der Beziehungen zwischen Deutschland und Großbritannien war der 20. November 1938 (Es war der Tag, an dem über 120 jüdische Kinder mit dem Zug Berlin verlassen hatten und Richtung Großbritannien unterwegs waren, um dort wegen der angehenden Rassenverfolgung Unterschlupf bzw. Asyl zu finden) obwohl die offizielle Kriegserklärung von England an Deutschland erst im September des Folgejahres 1939 stattfand.

Zusammenfassend kann man den Export nach GB auf einen Zeitraum von gerade einmal zwei Jahren eingrenzen. Für den Sammler und Liebhaber dieser Exportmodelle ist dies wiederum aber interessant. Bedingt durch den kurzen Zeitraum wurden keine großen Mengen verkauft, dementsprechend selten sind all diese Exportmodelle. In weiterer Folge hatte die überall grassierende Zinkpest (ein Phänomen, das durch falsche Metalllegierungen/Verunreinigungen aufgetreten war), die ohnehin bescheidenen Mengen, bei den Lokomotiven HR 700, R 800, SLR 800 und HR 800, um gut 70 bis 80 Prozent reduziert. Diese Umstände wiederum nahmen Fälscher schon vor gut vierzig Jahren zum Anlaß, um ganze "Lokomotivfabriken" entstehen zu lassen. Es war und ist zum Teil noch immer ein sehr lukratives Geschäft, mit den roten und grünen Lokomotiven (komplett gefälscht oder, wenn man Glück hat, ein Original "nur" umlackiert").

Trotz all dieser widrigen Umstände strahlen die originalen Exportmodelle einen Charme aus, der seinesgleichen suchen kann.

1937 waren die Modelle R 700, SLR 700 und HR 700 in den Farben der LNER (grün) und in den Farben der LMS (rotbraun) erhältlich, weiters z.B. die Packungen R741 LNER bzw. R741 LMS, eine weitere Neuheit waren die Pullman-Wagen 349 und die zum Teil geänderten Wagen 342 bzw. 343 (teil übermalt und mit LMS Aufdruck/Stempel versehen).

1938 wurde das Sortiment um die Lokomotiven R 800, HR 800 und SLR 800 erweitert - mit der neuen "Perfekt Schaltung"; wieder in den Farben der LNER und LMS. Am Zubehör Sektor kamen das Home- und das Distant-Signal dazu. Bei den Wagen der 352 bzw. 354 und ebenfalls bei den Wagen 342 und 343 - teilweise übermalt und mit LMS gestempelt.

Eine richtige Rarität des Jahres 1938, war die extra für den britischen Markt und eigens konstruierte Dampflokomotive E 800 in den Farben der LMS, eine 2 B Maschine mit dreiachsigen Tender, Gehäuse und Tender in Blechausführung.

Original E 800 LMS Bj. 1938-39, Aufbau und Tender Blech (Sammlung Stefan Ebneth)

Exportartikel für Großbritannien

R700 LMS Bj. 1937-38 (Sammlung Stefan Ebneth)

R700 LMS Bj. 1937-38 (Sammlung Stefan Ebneth)

R700 LNER Bj. 1937-38

R 700 LNER Tender werkseitig überstrichen, mit der Kriegserklärung GB an das Deutsche Reich war der Export nicht mehr möglich. Daher wurde bei den vorhandenen Exemplaren der Tender grün, bei LNER oder rotbraun bei LMS überstrichen. Ein Teil der Lokomotiven und Tender wurde auch komplett schwarz überstrichen. (Sammlung Stefan Ebneth)

R 700 Exportvariante für den Belgischen bzw Französischen Raum (Sammlung Stefan Ebneth)

SLR 700 LNER Bj. 1937-38 (Sammlung Stefan Ebneth)

SLR 700 in der sehr seltenen roten Ausführung (Sammlung Stefan Ebneth)

SLR 700 LMS (Sammlung Stefan Ebneth)

SLR 700 mit werkseitig übermalten Tender, auch hier Kriegsbedingte Weiterverwertung für den noch vorhandenen Absatzmarkt. (Sammlung Stefan Ebneth)

HR 700 LMS Bj. 1937-38 (Sammlung Stefan Ebneth)

HR 700 LNER Bj. 1937-38 (Sammlung Stefan Ebneth)

HR 700 Ausführung als Southern (Sammlung Stefan Ebneth)

R 800 LNER Bj. 1938 Original Lokomotive restauriert unter Beibehaltung der Originalsubstanz (Sammlung Stefan Ebneth)

R 800 LMS Bj. 1938 (Sammlung Stefan Ebneth)

R 800 “mit Geschichte” der Original Tender war ursprünglich grün (LNER) die Stempelung ist unter der schwarzen Farbe gut sichtbar, und zusätzlich hat der Besitzer?, auf jeden Fall ein Angehöriger der US Armee, seine Bataillons Zugehörigkeit äußerst akkurat eingeritzt.
(Sammlung Stefan Ebneth)

SLR 800 LNER Bj. 1938 Original Lokomotive, restauriert unter Beibehaltung der original Substanz. (Sammlung Stefan Ebneth)

SLR 800 LMS Bj. 1938 (Sammlung Stefan Ebneth)

HR 800 LMS Bj. 1938/39 (Sammlung Stefan Ebneth)

HR 800 LMS mit werkseitig übermalten Tender (Kriegsbedingt) (Sammlung Stefan Ebneth)

HR 800 LNER Bj. 1938/39 (Sammlung Stefan Ebneth)

Die Wagen der Serien 34x und 35x wurden werksseitig im unteren Wagenkasten Bereich von Hand überlackiert (Beschriftung Schlaf- und Speisewagen wurde übermalt), die Serien Stempelung blieb bestehen, und anschließend wurden die LMS Beschriftungen mittels Handstempel aufgebracht. ! ACHTUNG ! bei diesen Wagentypen sind sehr viele Fälschungen in Umlauf.

vierachsiger Personenwagen (Typ 342) LMS, kleine Stempelung links und rechts am Wagenkasten, Blechdrehgestelle, Bj. 1937-38

vierachsiger Personenwagen (Typ 352) LMS, kleine Stempelung links und rechts am Wagenkasten, große einteilige Gußdrehgestelle, Bj. 1938, KK 3

vierachsiger Personenwagen (Typ 352) LMS
Stempelung groß, mittig des Wagenkastens, große einteilige Guß Drehgestelle, Bj. 1938, KK 3

vierachsiger Schlafwagen (Typ 353) LMS
Stempelung groß, mittig des Wagenkastens, große einteilige Guß Drehgestelle, Bj. 1938, KK 3

349 E Salonwagen LNER Bj. 1937-39

349 Salonwagen PULLMAN Bj. 1937-39

348 E PULLMAN "geschossen" starke farbveränderung, vormals grün Bj. 1937-39

Packung R 765 LMS Bj. 1938

Packung R 765 LNER (Ersatzverpackung) Bj. 1938

Packung HR 749 LNER, sehr exklusive Ausführung mit vier Stück 349 Pullmanwagen und Innenbeleuchtungen Bj. 1937-38

Packung HR 742 LMS bestückt mit drei Wagen 342, einem Wagen 342 EB als LMS Versionen (z.T werkseitig übermalt und mit LMS gestempelt) ebenfalls eine äußerst exklusive Garnitur.

Packungen HR749 LNER und HR 742 LMS (Sammlung Stefan Ebneth)

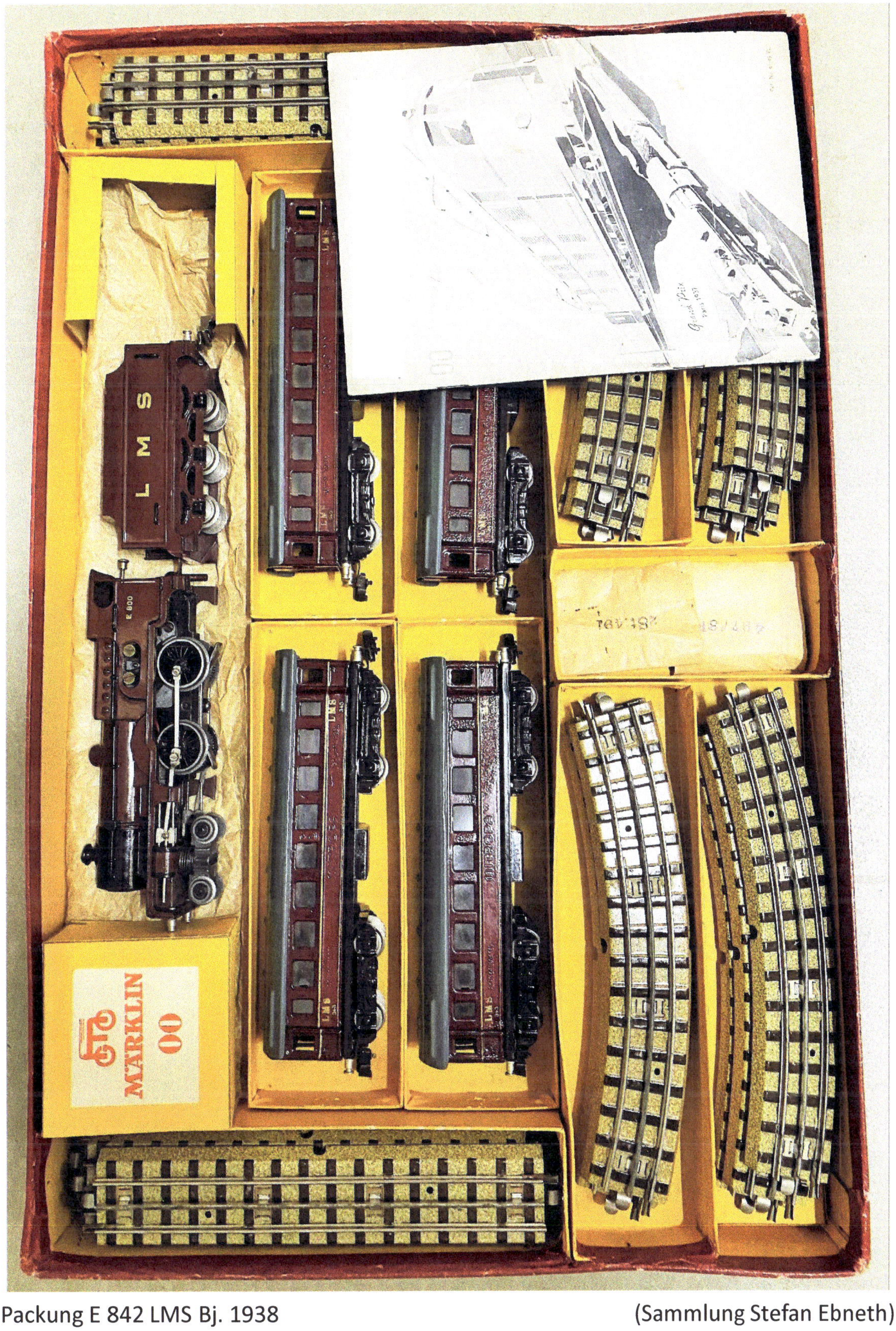

Packung E 842 LMS Bj. 1938 (Sammlung Stefan Ebneth)

Amerika Export

Packung R 727 A Bj. 1936/37

R 700 A Bj. 1936/37 (Sammlung Stefan Ebneth)

Zugpackung HR 744 A Bj. 1937-38 (Sammlung Stefan Ebneth)

HR 700 A Baujahr 1937-38 (schwarze Treibräder)

HR 700 A Bj. 1937-38 (rote Treibräder) (Sammlung Stefan Ebneth)

SK 800 Bj. ab 1939 Sonderlackierung (Wunschlackierung) Vorkriegs Lokomotive mit 7 Splinten (Sammlung Stefan Ebneth)

SK 800 wie oben jedoch Ausführung mit 6 Splinten und unvernickelten Treibrädern, ohne Bohrungen für die Klappe (Sammlung Stefan Ebneth)

Sk 800 graue Sonderlackierung Ausführung mit 6 Splinten und Klappe, vernickelte Treibräder (Sammlung Stefan Ebneth)

Amerika Exportstempel, Unterseite eines 351er, Bj. 1946/47

PX Packung RS 828/4 Bj. 1945/45

PX Packung SK 854 Bj. 1945/46 (Sammlung Stefan Ebneth)

Lokomotiven

Vorserienmodell T 700 B (Sammlung Stefan Ebneth)

Vorserienmodell T 700 (Sammlung Rudolf Schweinhammer)

Das große Vorbild in Spur 0: Märklin E 66/12920 Bj. 1935, noch mit den kleinen geteilten Windleitblechen, vierachsige Dampflok mit dreiachsigen Tender

Das verkleinerte Handmuster: die E 700 in OO/HO (Sammlung Stefan Ebneth)

Die Rarität am 00 Sektor schlechthin. Dieser Lokomotiven Typ hat es nie in die Serie geschafft. Es wird wohl so gewesen sein, daß man noch während der Entwicklung dieser Lokomotive einen neuen Weg eingeschlagen hat. Ein dreiachsiger Tender, wie beim großen Vorbild, wurde nicht mehr realisiert. (Hier hängt der zweiachsige Tender von der R 700 dran.)

Der neue Weg - weg vom alten Stil (Blech) hin zu einer modernen Bauweise mit Druckguß; auch dem großen Vorbild eher entsprechend. Es kam die HR 700, eine fast modellmäßige Lokomotive aus Druckguß. (Lokomotive sechsachsig mit vierachsigem Tender)

RS 700.1 und 3

Version 1: Baujahr 1935, Aufbau aus Blech ist höher, mit Querstrebe in der Fensterreihe KK1., Treppen am Gußrahmen freistehend, Handumschalter sitzt über dem hinteren Gußaufbau, im vorderen Gußaufbau befindet sich eine Lampenöffnung, Guß Fahrwerk, KK.1.1

Version 2: wie 1 jedoch Aufschrift RSU 700, werksseitig mit Gleichrichter ausgestattet

Version 3 (Bild unten): Baujahr ab 1936/37, Aufbau niedriger, keine Querstreben in der Fensterreihe, Treppen sind mit dem Rahmen in einem Block mitgegossen, KK1.2 und KK2, ab 1937 auch KK2.2

RS 700.3 Baujahr ab 1936

R 700.1 Bj. 1935
Baujahr 1935: Lokomotivkessel und Tender Aufbau Blech, grün grundiert, Fahrwerk und Rahmen aus Druckguß, Lokrahmen ohne Verstärkung über der Bürstenbrücke, Handumschalter im Führerhaus, im Kessel vorne eine Beleuchtungsöffnung, Tender Räder Stahl vernickelt, Puffer Messing vernickelt KK1
RU 700 wie Vers. 1, aber steckbare Selenzelle statt dem Handumschalter im Führerhaus
Baujahr ab 1936: Lokrahmen mit Verstärkung über der Bürstenbrücke, keine grüne Grundierung mehr, KK1.2. und KK.2., ab 1937 KK.2.2, Tenderräder Druckguß vernickelt, Puffer Alu

SLR 700
Baujahr 1936-39: Lokaufbau, Fahrwerk und Rahmen aus Druckguß, Tender zweiachsig aus Blech, Beschriftungen Lok und Tender silbern, Handumschalter im Führerhaus, Frontbeleuchtungsöffnung im Kessel vorne, Kupplungen Typ 1.1, 1.2, 2.1 -3

TWE 700 Baujahr ab 1936-1939

Blech Aufbauten, Druckguß Fahrwerk, Handumschalter ragt aus dem Dach, einseitig Frontbeleuchtung mit zwei Glaskugeln abgedeckt, rückseitige Lampenöffnungen mit roten Glaskugeln abgedeckt, Ausführungen in rot creme, in blau creme (TWE 700 B) und in Rot (TWE 700 R) mit starrem Blechbügel Typ 1.2

HS 700 große fünfachsige E-Lok Bj. ab 1937-39, Aufbau Rahmen und Fahrwerk aus Druckguß, Handumschalter an der Rückseite, zwei Frontlampen abgedeckt mit Glaskugeln, zwei bewegliche Bügel, KK.2.1. KK 2.2.

HR 700 große sechsachsige Dampflok mit vierachsigem Tender Bj. ab 1837-1939, Aufbau Rahmen und Fahrwerk aus Druckguß, Tender Blech, Handumschalter im Führerhaus, Frontbeleuchtung mit zwei Glaskugeln abgedeckt, KK 2.1 u.KK.2.2

Detailbild HR 700 Fahrwerk

Lokomotiven der Serie 800

R 800 zweiachsige Dampflok mit zweiachsigem Tender Bj. ab 1938-1941, Aufbau, Rahmen und Fahrwerk Druckguß, Tender Blech, Beleuchtung vorne mit zwei Schraublampen, Perfekt-Schaltung (zweimal schalten), Puffer Alu, KK 2.2, KK3, BK 4

SLR 800 zweiachsige Dampflok mit zweiachsigem Tender (ähnlich der AK 70/12970 in Spur 0) Bj. ab 1938-41, Aufbau, Rahmen und Fahrwerk Druckguß, Tender Blech, vorne eine Stirnlampe, Perfekt-Schaltung, KK2.2 ,KK3 und BK 4

Bild T 800.2 mit BK 4. - T 800 kleine zweiachsige Tenderlok, Bj. 1838-1950, Aufbau, Rahmen und Fahrwerk aus Druckguß, das Gehäuse macht einige Änderungen im Lauf der Zeit durch, farblich und auch gießtechnisch, Kupplungstypen von KK3 - BK 4.2

HR 800 große sechsachsige Dampflokomotive mit vierachsigem Tender, Bj. ab 1938 -1941 (1947/48), bei Version 1 ist der Kessel nur seitlich (li u. re.) m. d. Rahmen verschraubt.
Version 2 ist vorne u. hinten verschraubt, Aufbau, Rahmen und Fahrwerk aus Druckguß, Tender aus Blech, Beleuchtung vorne mit zwei Schraublampen, Perfekt-Schaltung, Puffer Alu, KK 2.2., KK3 und BK4

SK 800 Bj 1939-41 (1959)
Große siebenachsige Dampflokomotive (Vollverkleidung) mit vierachsigem Tender, Lok und Tender Druckguß.
Version 1: Im Führerstand - Anschlußplatte f. Wagenbeleuchtung und Handschaltstange, Bürstenöffnung mit Gußklappe abgedeckt. Tender: Tenderboden Blech, Aufbau Guß am Tender, hinten Beleuchtungsanschluß f. Wagenbeleuchtung, Faltenbalg, Aufschriften gestempelt, Wassereinlässe eben, Farbe grün m. goldenen Zierlinien, umlaufenden Haltestangen vernickelt, vorne mittig geteilt und mit sieben Splinten befestigt, KK 3. Bj. 1939
Version 2: wie 1 am Tender sind die Wassereinlässe gewölbt und die Aufschriften erhaben mitgegossen, KK.3 Bj 1939
Version 3: wie 2 jedoch vernickelte Bügelkupplung BK 4. Bj. 1940
Version 4: wie 2 jedoch schwarz BK 4. Bj. 1940-41
Version 5: wie 2 aber nur mehr sechs Befestingungssplinte bei der umlaufenden Griffstange, keine Bürstenklappe und auch keine Bohrungen dafür BK 4. Bj. ab 1941
Version 6: wie 5 aber die Aufbauten sind brüniert und die BK 4.1. ist zumeist nur mehr ein Rohblech (unvernickelt) Bj. 1945/46
Version 7: SK 800 E, Aufbauten brüniert oder schwarz lackiert, Handläufe am Kessel mitgegossen, keine Klappe über den Bürsten BK 4.2 Bj. 1947/48

RS 800 Bj. ab 1938-42 (1945/46) kleine zweiachsige E-Lokomotive
Version 1: Aufbau, Rahmen und Fahrwerk Druckguß, Handschalter für Ober/Unterleitung, vorne 2 Schraublampen, hinten Anschluß f. Wagenbeleuchtung, Perfekt Schaltung, Bügel Typ 2.2. Alu Puffer, KK 3 Bj. 1938
Version 2: wie 1 jedoch die Dachleitungen rot abgesetzt, Bügel Typ 2.3., BK 4 Bj. 1940
Version 3: wie 2 jedoch in grau/blau Bj. 1940/41
Version 4: wie 2 jedoch mattgrün, Rahmen brüniert, BK 4.1 od BK 4.2. f. PX Pkgn. Bj. 1945-46

HS 800 Bj. ab 1938-42 (1948/49) große sechsachsige E-Lokomotive
Version 1: Aufbau Rahmen und Fahrwerk Druckguß, Handschalthebel f. Ober/Unterleitung, vorne 2 Schraublampen, hinten Anschluß f. Wagenbeleuchtung, Perfekt Schaltung, Kupplungen sitzen noch auf einer Deichsel wie bei der HS 700, Alu Puffer, KK 3 Bj. 1938

Version 2: wie 1, Dach ist beigegrau, Kupplungen sitzen direkt am Rahmen KK 3., Bj 1939
Version 3: wie 1, Aufbau hat ein helleres grün, BK 4. Bj. 1939-42
Version 4: wie 3, Rahmen brüniert, Kupplung BK 4 roh (unvernickelt) Farbe grün o. blau Bj. 1945
Version 5: Farbe grün oder blau, Dachaufbauten haben eine durchgehende ebene Verbindung, Dach grau Bj. 1946-47

TW 800 zweiteiliger Elektrotriebwagen
Version 1: zweiteiliger Triebwagen, Rahmen und Gehäuse aus Druckguß, Turmteil aus Blech, am Turm befindet sich ein Druckknopf, mit dem sich die beiden Wagenteile trennen lassen, im Turm innerhalb Steckverbindung f. die Beleuchtung ebenfalls trennbar, Lichtwechsel von rot auf weiß, Handschalthebel ragt aus dem Dach, Umschalter für Ober/ Unterleitung ragt seitlich bei einem Fenster heraus, Fenster mit mattierten Cellonscheiben verglast, Lampen Öffnungen mit Glaslinsen abgedeckt, sechsachsiges Modell mit rot lackierten Scheibenrädern, Bügel Typ 2.2., die Gehäuse sind seitlich am Rahmen verschraubt, nur ein angetriebenes Motorgestell, Farbe in elfenbein /violett, Rahmen in lichtgrau, vorne an den Stirnseiten sind Märklin-Embleme montiert, wie man sie am Tender der SK 800 findet Bj. 1939-42
Version 2: wie 1 jedoch die Farben nicht mehr so strahlend Bj. 1949-53 (Reparatur Ersatz)
Version 3: Ausführung mit zwei Motorgestellen, Lichtwechsel über Schleppschalter in den Farben elfenbein/grün, elfenbein/blau und rot Bj. 1948-1949
Ein wichtiger Hinweis zu den Gußteilen: es wurden bei sehr vielen Exemplaren nahezu alle Teile irgendwann ausgetauscht, sei es durch Märklin selbst als Reparatur Ersatz oder später durch Replika Teile von verschiedenen Anbietern. Regelrechte Auswüchse bekam es bei den grün bzw blau/elfenbein lackierten Triebwagen, bei denen schlußendlich nur mehr die Teile original sind, die nicht durch Zinkpest zerstört wurden. Hier ist wirklich Obacht geboten!

Rot umlackierte SK 800E Version 7 (so nie ausgeliefert worden)

HS 880 Bj. 46/47 in blau

SK 800 Bj. 1945 brünierte PX Version

RS 800 Bj. 1946/47 PX Version

Bild nächste Seite: PX Version SK 841/4 in der großen Geschenkverpackung. OVP mit Label. Mit Waggons im Rautenkarton. Gestempelt 3. und 4. Quartal 1945. Mit rotem Exportstempel " Made in Germany". Voll brünierte Lok mit 7 Splinten.

SK 841/4

Sammlung Stefan Ebneth

PX Packung Hr 841 (schlichter Umkarton mit kl. viereckigen weißen Aufklebern für den Export mit Verpackungsdatum 6/1947), Wagen und Lok in weiß-beigen Kartons gestempelt 1/47 (Sammlung Stefan Ebneth)

Einleitung allgemein zu den Personen und Güterwagen

Alle Modelle wurden vorab als Prototyp/Handmuster gefertigt, so auch die Wagen. Diese extrem seltenen Stücke zeichnen sich dadurch aus, daß sie von hand verlötet und handlackiert sind; selbst die Beschriftungen sind von Hand gemalt. Des weiteren ist bei den vierachsigen Personenwagen eine Besonderheit verbaut: die Federpakete an den Drehgestellen, entgegen den späteren Serienmodellen, sind bei den Vorserien-Stücken, bzw bei den Prototypen, die angesprochene Federpakete verkehrt rum ausgestanzt (die Haltelaschen für die Befestigung am Drehgestell ist verkehrt ausgestanzt). Ob das bewußt oder oder einfach ein Fehler war?

Das wird nicht mehr zu klären sein. Aber genau solche Dinge sind für die Sammlergemeinde unglaublich spannend. Ein weiteres Merkmal speziell bei den zweiachsigen Güterwagen ist die Beschriftung. Anfangs (1935) steht an den Stirnseiten nur MÄRKLIN und GERMANY. Erst im Laufe des Jahres 1936 ändert sich die Beschriftung. MÄRKLIN bleibt gleich, aber jetzt steht auf den Wagen zusätzlich Made in Germany statt vormals GERMANY. Die Änderung wurde notwendig weil ein Gerichtsurteil (1936) die eindeutige Kennzeichnung für den Export vorschrieb.

Zwei kleine technische Änderungen wurden Anfang des jahres 1936 ebenfalls an den Wagen vorgenommen: hatten die Güterwagen von 1935 noch geschlossene Achslager und die Klauenkupplung Typ 1 (der Typ 1 hat keine Verbreiterung rund um den Niet der die Kupplung am Wagenboden hält, dafür aber zusätzlich eine Beilagscheibe). Das Nachfolgemodell, Kupplung Typ 1.2. hat eine Verbreiterung rund um das Befestigungsloch für den Niet und die Beilagscheibe fällt weg. Zu den eben beschriebenen technischen Veränderungen gibt es aus Sammlersicht eine Besonderheit: so finden sich immer wieder Wagen an denen die Aufbauten noch mit GERMANY beschriftet sind, aber schon die modernen Fahrwerke verbaut haben (Achslager offen und KK 1.2 oder auch moderne Fahrwerke mit KK 1.1). Ganz speziell und sehr selten am Markt zu finden sind der Güterzugpackwagen 390 in brauner Farbgebung, handlackiert und handbeschriftet, wie das große lithographierte Vorbild in Spur 0.(1790/0) Und der Hochbordwagen, handlackiert und handbeschriftet in grün. Hier ist das lithographierte Vorbild in Spur 0 der Wagen mit der Nummer 1761/0.

374 Shell

381 gedeckter Güterwagen

372 Rungenwagen

365 Hochbordwagen

Alle vier Wagons Baujahr 1935 mit geschlossenen Achslagern, vernickelten Messingpuffern, vernickelte Stahlräder, beschriftet nur mit GERMANY und ausgestattet mit KK1.1

Kipplore 362 Bj. ab 1936-1942 (1952)

Planenwagen 363 Bj. ab 1936-1939

Niederbordwagen 364 Bj. ab 1936-1941 (1952)

Hochbordwagen 365 Bj. ab 1935-1939

Kranwagen 366, langer Ausleger Bj. 1936-38 (Ausleger aus Blech)

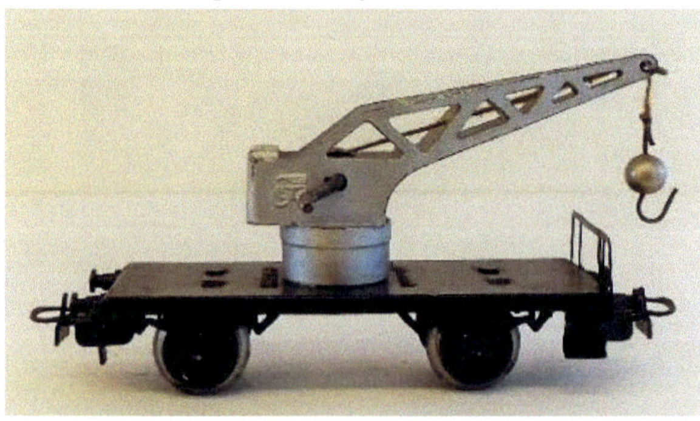

Kranwg. 366, kurzer Ausleger Bj. ab1939-54 (Ausleger aus Guß)

Schotterwagen 367 Bj. ab 1936-1941(1952)

Hochbordwg. 371, Brh. Bj. ab 1936-42 (1952)

Rungenwg. 372 m. Brh. Bj ab 1935-42 (1952)

Rungenwg. 372H m. Brh. Bj. 1936-42 (1952)

Kesselwg. 374ST m. Brh. Bj. ab 1936-42(1952)

Kesselwg. 374S m. Brh. Bj. ab 1936-42(1952)

Gedeckter Gw. 381 Bj. ab 1935-42 (1952)

Gedeckter Güterwg. 381S m. Schlußlichtern (Gußeinsatz), u. Schleifer Bj. 1939-41

Bananenwagen 382 Bj. ab 1936-42 (1952)

Kleintierwagen 386 Bj. ab 1938-42 (1952)

Gambrinus 388 Bj. ab 1938-41/42

Ochsenkopf 389 Bj.ab 1936-41/42

Güterzug Packwg. 390 Bj. ab 1939-42 (1952)

Die Jahresangabe in Klammer steht für das letzte Jahr der Produktion, fast alle Güterwagen wurden nach dem Krieg in leicht abgeänderter Form weiter produziert. Es ändern sich die Fahrgestelle: vormals ein Federblatt nach dem Krieg 4 Federbätter, die Wagenböden sind zumeist brüniert nicht mehr lackiert, der klare Decklack fällt weg, die Kupplungen BK 4.2. sind 45/46 unbehandelt (roh) ab Mitte/Ende 46 brüniert, die Räder und Puffer sind 45/46 teilweise aus Ersatzstoff (ein sehr schlechtes Gußmaterial) danach kommen Puffer aus Stahl brüniert, die Radsätze sind aus einem besseren Gußmaterial und ebenfalls brüniert.

Güterwagen vierachsig

Niederbordwagen 391 vierachsig Bj. ab 1937-42 (1952)

Rungenwagen 392 vierachsig m. Brh. Bj. ab 1937-42 (1950)

Planenwagen 393 4 achsig Bj. ab 1937-42 (1952)

Auch bei den vierachsigen Güterwagen gilt wie zuvor für die Zweiachser: die Wagen wurden bis 1952 in leicht veränderter Form weiter im Programm geführt.

Personenwagen

Personenwg. 327 2 achsig Bj. 1935-42 (1952), geschlossene Achslager, Stirnseiten oben zu, KK1.1

Packwagen 328 2 achsig Bj. ab 1936-42 (1952) offene Achslager, KK.1.2.

Packwagen 328B m. Innenbeleuchtung und Schleifer, KK.1.2. Bj. ab 1936-42

Vorserienwagen 341, 342 und 343/J mit Federpaketen verkehrt an den Drehgestellen Bj.1935

Die Wagen der Serie 341-344 machen im Lauf der Zeit keine wesentlichen Änderungen durch, alle mit Cellon Verglasung, Vollblechausführung, Alu Puffer, Blechdrehgestelle. Erst nach 1946 kommen bei den Wagen große mehrteilige Vollgußdrehgestelle und bei der letzten Ausführung 1950 Kunststoff Drehgestelle, farbliche Veränderungen sind nach 1945 ebenfalls zu sehen, weil der farblose Decklack wegfällt, Kupplungstypen von KK 1 bis BK 5.

342 Speisewagen, rot Vollblech Ausführung, Bj. ab 1935-41 (1950) Bild: Bj 1939/40, BK 4

342J Speisewagen blau, alle Angaben wie oben Bild: Bj. 1939/40 BK 4

343J Schlafwagen blau, alle Angaben wie oben Bild: Bj. 1936, KK 1.2

344J Packwagen, zwei bewegliche Schiebetüren Bild: Bj. 1936, KK1.2

344JB Packwagen mit Beleuchtung und Schleifer, zwei bewegliche Schiebetüren, im Wageninneren Blechsockel zum Anstecken der Wagonbeleuchtung, Bild: Bj. 1937/3 8 KK 2.1

344 Packwagen grün, zwei bewegliche Schiebetüren Bild: Bj. 1939/40

341SB mit Beleuchtungseinsatz (Druckguß) Bj. 1939/40

Wagen der Serie 351 -354

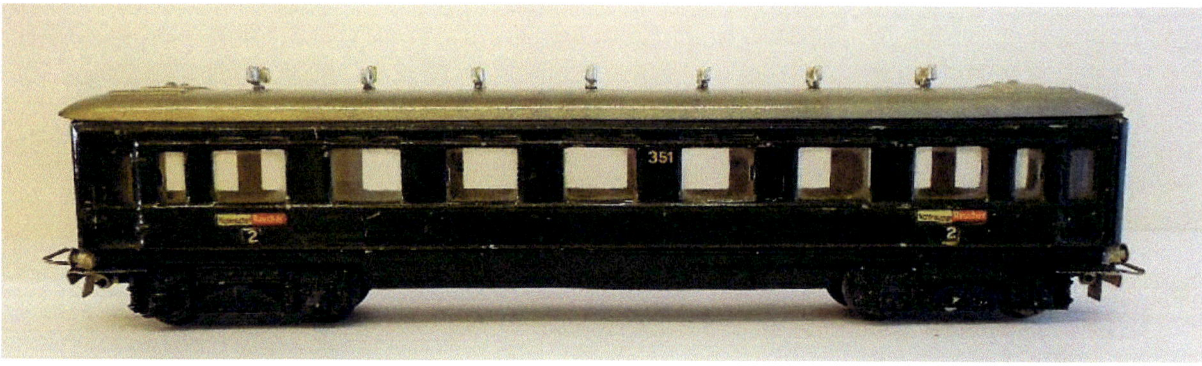

351 vierachsiger Personenwg. grün, Bj. ab 1938-41 (1950), einteilige große Gußdrehgestelle, Alu-Puffer, Vollblechausführung, Dach m. sieben Druckguß Lüftern, Cellon Verglasung ,KK 3 und BK 4

352 vierachsiger Speisewagen, rot, Bj. ab 1938-41 (1950), einteilige große Gußdrehgestelle, Alu-Puffer, Vollblechausführung, Dach mit neun Druckguß-Lüftern, Cellon Verglasung, KK 3 und BK 4

352j vierachsiger Speisewagen, bei dieser Serie gibt es z.T. sehr starke Farbveränderungen, von blau bis graugrün gehen, Bj. ab 1938-41 (1950), einteilige große Gußdrehgestelle, KK 3 u. BK 4 Bild: farblich stark veränderte Variante Bj. 1939/40

353 vierachsiger Schlafwagen, rot, Bj. ab 1938-41 (1950), einteilige große Gußdrehgestelle, Alu-Puffer, Vollblechausführung, Dach m. sechzehn Druckguß-Lüftern, Cellon Verglasung, KK 3 und BK 4

353J vierachsiger Schlafwagen blau, Bj. 1938-41 (1950), einteilige große Gußdrehgestelle, Alu-Puffer, Vollblechausführung, Dach mit sechzehn Stk. Druckguß Lüftern, Cellon Verglasung, KK3 u. BK 4 Bild: Bj 1948/49, große mehrteilige Gußdrehgestelle und BK 4.2

354B vierachsiger Packwagen, grün, Bj. ab 1938-41 (1950) einteilige große Gußdrehgestelle, Alu Puffer, Vollblechausf., Dach mit Aussichtskanzel, acht bewegl. Schiebetüren, mittig am Wagenboden Blechaufsatz mit Ein/Ausschalter für Beleuchtung, KK 3 u. BK 4 Bild: Bj. 1939/40

354JB vierachsiger Packwg., blau, Bj. ab 1938-41 (1950) Beschreibung gleich 354B, Bild: Bj. 1939

351F vierachsiger Personenwg., grün, Bj. ab 1938-1941, einteilige gr. Gußdrehgestelle, Alu-Puffer, Vollblechausführung, Dach mit sieben Druckguß Lüftern, seitlich am Wagenkasten eingesteckte Hoheitszeichen (Adler, der das Hakenkreuz hält, retouchiert) KK 3 und BK 4, Ausführungen mit Blechdrehgestellen bekannt.

351SB vierachsiger Personenwagen, grün, Bj. 1939-1940, große einteilige Gussdrehgestelle, Alu-Puffer, Vollblechausf., Dach mit sieben Druckguß Lüftern, Beleuchtungseinsatz aus Druckguß, KK 3 und BK 4, Ausführungen mit Blechdrehgestellen bekannt.

Unteransicht 354B Packwagen Bj. 1939/40

Unteransicht 344B Packwagen Bj. 1937/38

Zugpackungen

Inhalt bei den kleinen Packungen Bj. 1935:
Eine Lokomotive, drei Wagen, vier gerade Gleise, elf gebogene Gleise, ein Anschlußgleis AR 3600. Bei den Gleisen ist der Mittelleiter nur ein mm stark, die Befestigungslöcher am Gleiskörper sind mittig außen. Die Kartonagen sind violett, die Aufkleber mit Kinderköpfen.

Inhalt bei den kleinen Packunge ab Anfang 1936: wie oben,
Gleise mit zwei mm starkem Mittelleiter, auch das AR 3600, die R 700 mit verstärktem Rahmen (über den Bürsten). Bei der RS 700 ist der Rahmen im Bereich, der zuvor freistehenden Treppen, verstärkt. Kartonagen wie oben

Inhalt bei kleinen Packungen ab Mitte 1936: wie oben, aber mit neuem Gleismaterial. Die Befestigungslöcher sind schräg versetzt im Gleiskörper, es gibt mittig einen Kabeldurchgang und das AR 3600 wird durch ein normales gebogenes Anschlußgleis ersetzt. Kartonagen sind rot und die Aufkleber jetzt schlicht in orange-weiß-orange mit Briefmarken Stanzung.

Packung R 741, Vorserienpackung, die Wagen haben Drehgestelle mit den verkehrten Federpaketen, Stirnseiten oben geschlossen, Lokomotive mit Vorserienfahrwerk, Lok und Wagen mit vernickelten Messingpuffern, Wagen und Tender mit vernickelten Stahlrädern, die Distanzstücke sind ohne 00 Embleme KK 1., Bj. 1935

AR 3600
oberhalb
Ausführung mit
Mittelleiter 1 mm
von 1935,
unterhalb
Ausführung von
Anfang 1936 mit
Mittelleiter 2 mm

Packung RU 741, Lokomotive mit verstärktem Rahmen, Wagen mit geschlossenen Stirnseiten, Lok und Wagen mit vernickelten Messingpuffern, Wagen und Tender mit vernickelten Stahlrädern, KK1, Bj. Anfang 1936

Packung R 765 Schienen mit zwei mm Mittelleiter

Packung R 765 Bj. 1936 roter karton, Etikett ohne Kinderköpfe

Packung R 727

Packung RS 741 Bj. Ende 1936 im modernen roten Karton (Aufkleber ohne Kinderköpfe)

SLR 741 Bj. 1936

SLR 741 Bj. 1937/38 mit KK 2.2., roter Karton, Etikett ohne Kinderköpfe

Packung HS 744B (Ersatzverpackung)

Deckel zur Packung HR 744B bzw HS 744B

Packung HR 744 B Bj. 1938 mit KK.2.2.

Packung R 841 Bj. 1940 mit BK.4.

Packung RS 841 Bj. 39/40 mit KK.3.

Packung RS 865 Bj. 1940 mit BK.4. (Ersatzverpackung)

Packung RSM 841 Bj. 1939/40 mit BK.4.

Packung HSM 844 B Bj. 1939 mit KK.3.

Packung T 800 10/G Bj. 1939/40 BK.4., (auf Bild ist Lokomotive in Nachkriegs Ausführung)

Zubehör

Auch hier gilt wieder: allen Stücken sind Prototypen/Vorserienmuster vorangegangen. ZB der Bahnschranken 458 - alle Teile von hand verlötet und handlackiert. Von der Brücke 467 ist ein Exemplar bekannt, bei dem Bögen und Streben aus Einzelteilen von hand verlötet wurden. Der Güterschuppen 427 wurde ebenfalls hand verlötet und handlack..
Angaben nach Jahreszahlen in Klammer stehen für den weiteren Verbleib im Programm, allerdings mit kleinen Änderungen.

Bild: Drehscheibe 410M, Bj. ab 1939-41 (1950), Vollblechausführung, sechs Gleisanschlüsse, abnehmbares Maschinenhaus mit 800er Motor als Antrieb verbaut, rotes Signallicht, mit Stellpult 472 bedienbar.

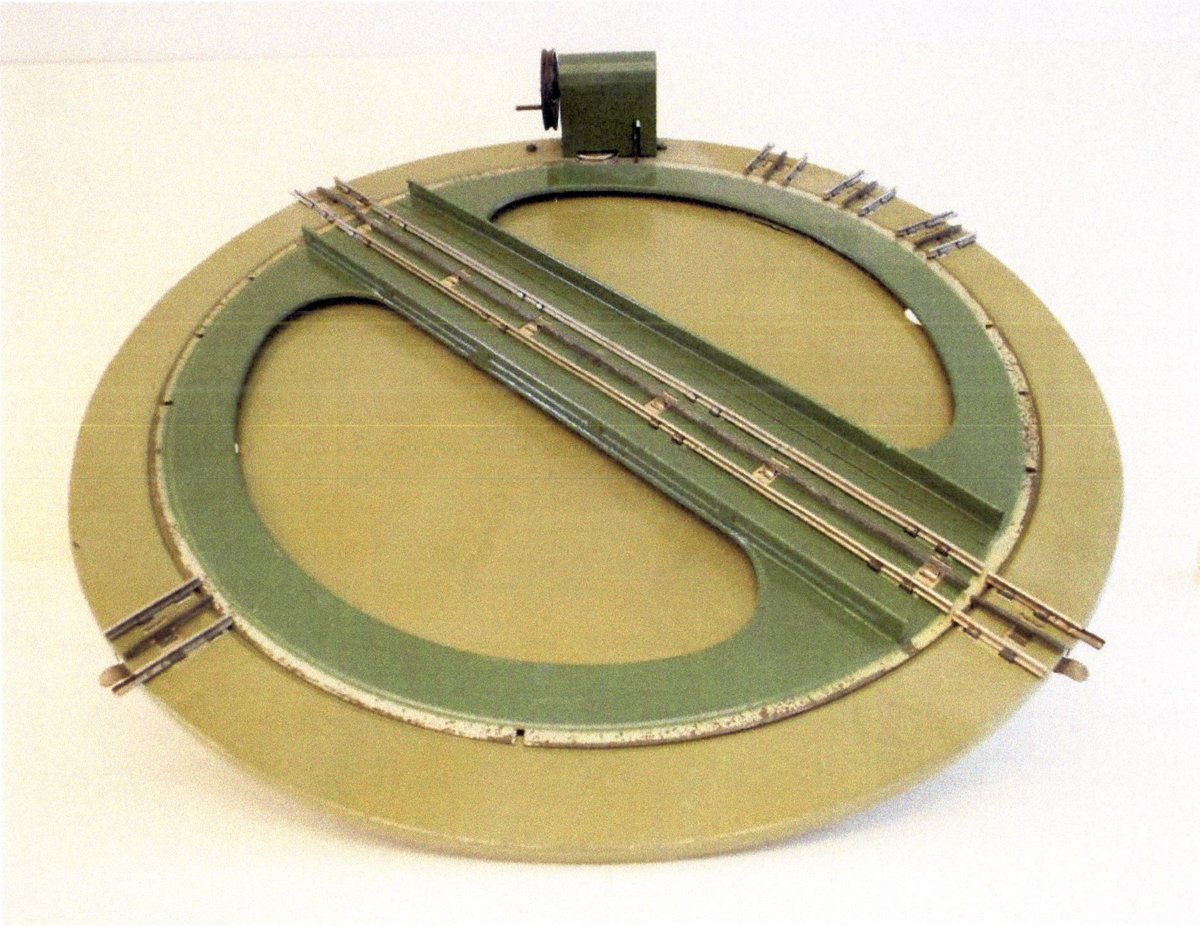

Drehscheibe 410 H
Bj. nur 1939, Vollblechausführung mit sechs Gleisanschlüssen, Antrieb über Handkurbel

Bahnhof 412, Bj. 1935 und 1936, Vollblechausführung, Dach mit plastischem Ziegelmuster und Schornstein, Güterschuppen mit beweglicher Schiebetür, durchbrochene Fenster, Durchgang, gestempelte Uhr, Größe B/H/T 200*65*95 mm

Bahnhof 413, Bj. 1937-40, Vollblechausführung, Türen zum Öffnen, abnehmbares Dach m. Fahnenstange, imitierte Uhr, Dach grau/blau - an den Ecken kupferfarben getönt, Wände gelblich; Sockel braun, Größe B/H/T 205*120*95 mm

Bahnhof 414, Bj. 1937-49 (1954), Vollblechausführung wie Bahnhof 413, zusätzlich ein Schuppen mit abnehmbarem Dach und ein Sperrhäuschen ebenfalls abnehmbar, Größe B/H/T 260*129*95 mm

Bahnhof 416, Bj. 1935-37, schlichte Ausführung mit durchbrochenen Fensteröffnungen, Durchgang im Mittelteil, die großen Fenster darüber verglast, gestempelte Uhr, Fahne zum Stecken 1935 rot/weiß, ab 1936 m. Hakenkreuz (retouchiert), glatte braune Dächer, Flachdach am Mittelbau abnehmbar, Wände gelblich, Sockel braun, Größe B/H/T 270*110*125 (ohne Fahne)

Bahnhof 418 "Friedrichshafen", Bj. ab 1937-42 (1952), Vollblech Ausführung, abnehmb. Dächer, steckbares Turmteil, Fahnenstange, bewegliche Türen, Terrasse, imitierte Uhr, Größe B/H/T 350*120*155 mm, Version 1 hat grüne Dächer mit kupferfarbig gespritzten Ecken, der Bahnhof macht im Lauf der Zeit einige farbliche Änderungen durch, und auch Beschriftungsvarianten f. zb. Frankreich od USA/GB (verschiedene Schrifttypen, wie zB. Groteskschrift)

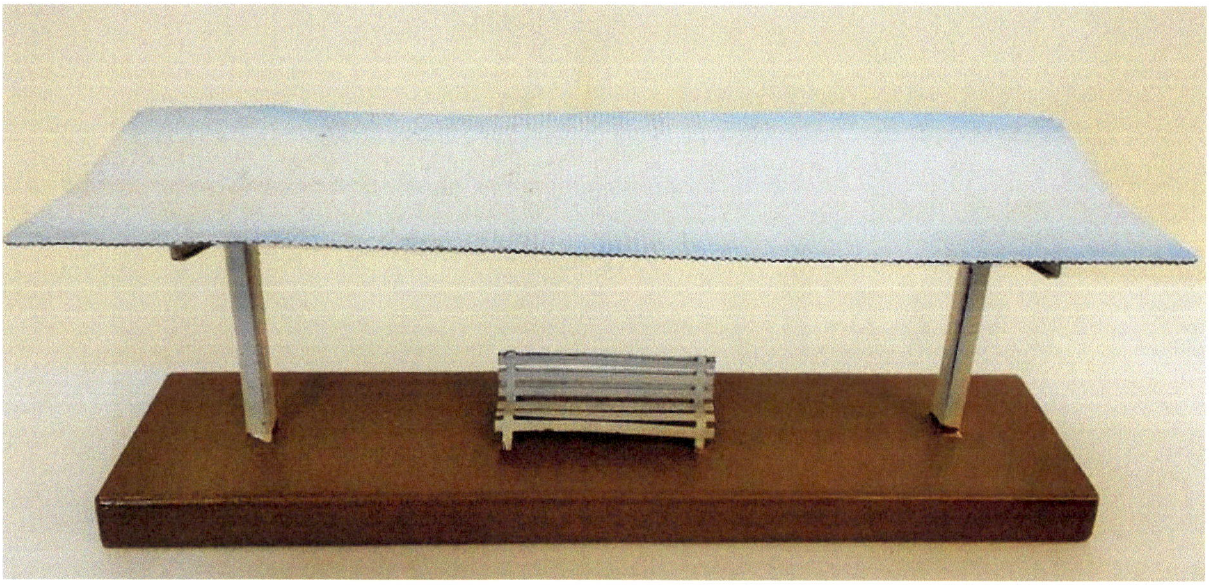

Bahnsteig 422.1, Bj. ab 1935/36, Bank m. sechs Querlatten, Sockel ein cm hoch, Wellblechdach fein gerippt , Säulen mit dem Sockel verlötet, am Boden gestempelt m. MÄRKLIN u. Germany
Bahnsteig 422.2, Bj. ab 1936/37, Bank m. sechs Querlatten, Sockel zwei cm hoch, Wellblech, feingerippt, Säulen m. Boden verlascht, am Boden gestempelt m. Märklin u. Made in Germany
Bahnsteig 422.3, Bj. 1937 wie 422.2, aber die Bank m. fünf Querlatten
Bahnsteig 422.4, Bj. 1938-42 (1956) wie 422.3, aber das hat Dach größeren Wellen

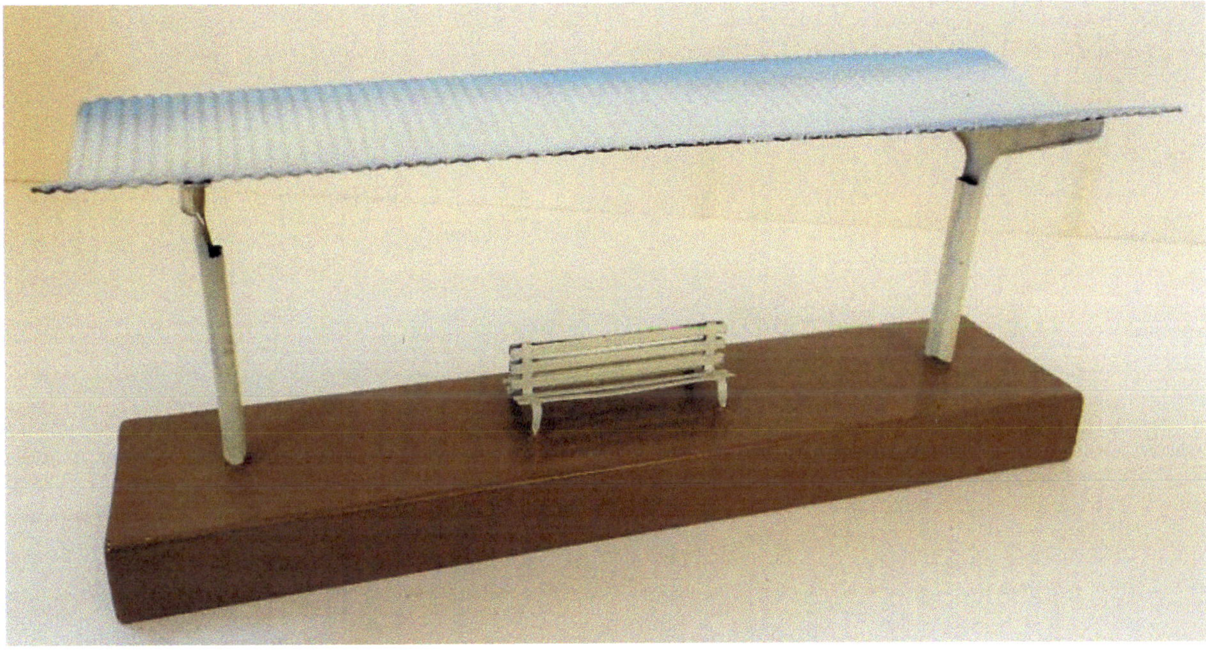

Bahnsteig 422.4

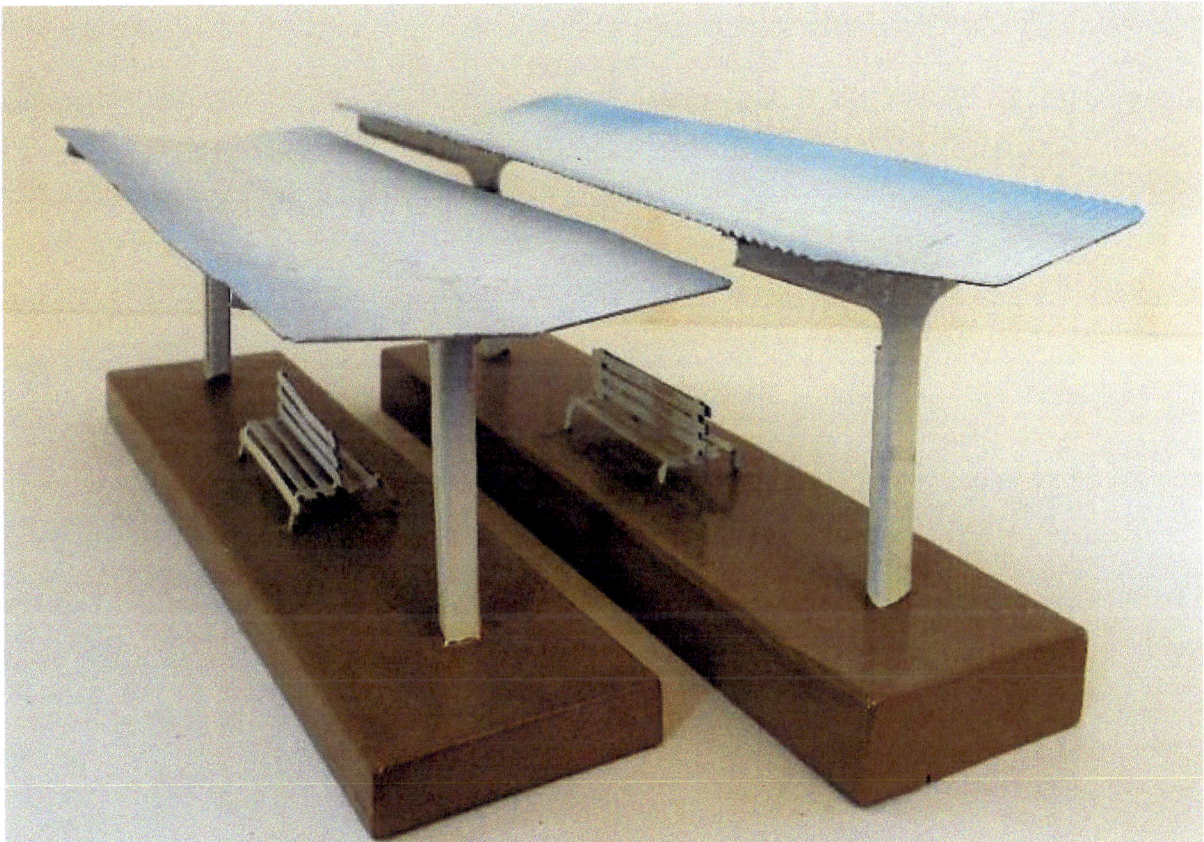

Bahnsteige 422 .1 links und 422 .4 rechts

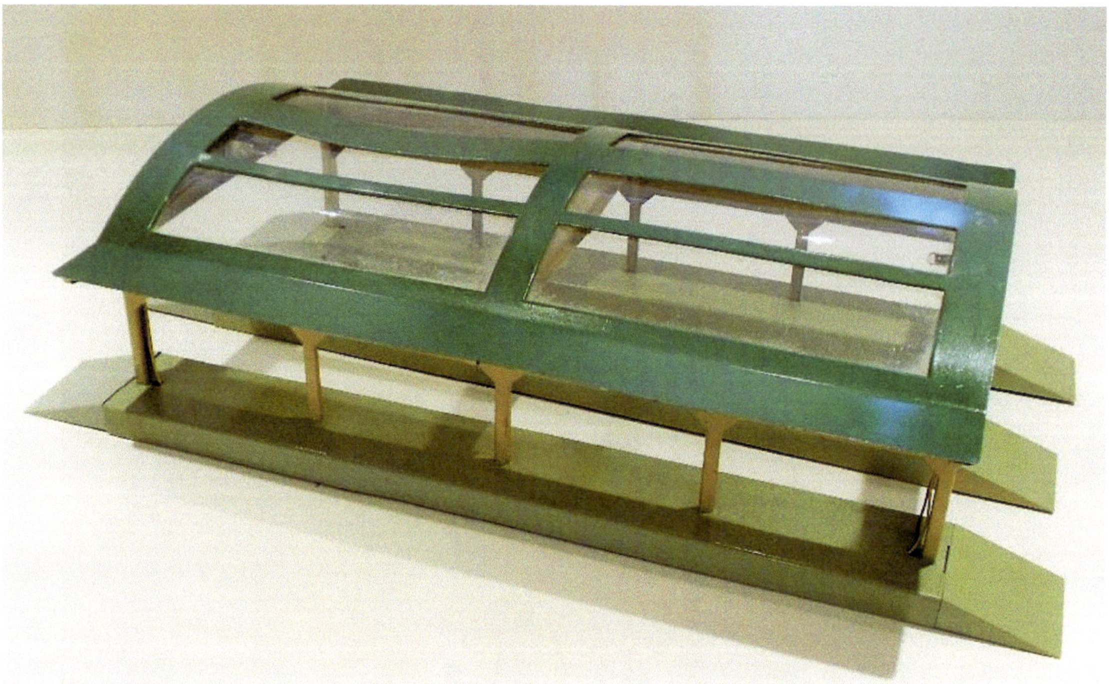

Bahnsteighalle 424 B: Vollblech Ausführung m. Mittelbahnsteig, 6 Stück aufsteckbaren Bahnsteigrampen, imitierte Uhr, 2 Stück Lampensockel, L/B/H 500*250*125
Vers. 1: Bj. 1937-42, Sockel grünl. bis beige/braun, Gebäudeteile gelb bis lachsfarben, Dach grün mit dunkelgrün oder kupferfarben getönten Ecken
Version 2: Bj. 1945/46 wie 1, Dachecken ohne Tönungen
Version 3: Bj. 1947-50, Sockel graubeige lackiert, Halle grau lackiert, Dach dunkelgrün, Durchfahrtshöhe um gut ein cm höher wie die Vorkriegs Version
Version 4: Bj. 1950-51, wie 3, Bahnsteige grau lackiert

Güterschuppen 427, Bj. 1935 und 1936, hand verlötet und handbemalt, beweglichen Schiebetür, braunes Dach, grünes Gebäude, brauner Sockel, B/H/T 110*60*60 mm

Güterschuppen 428.2 Bj. 1947-54, die Vorkriegs Version unterscheidet sich nur in der Farbgebung, Größe: 175*90*80 mm

Güterschuppen 428 und Verladerampe 429 abgebildet sind die Varianten Bj. 1947-1954,
Die Vorkriegsmodelle sind baugleich und unterscheiden sich nur in der Farbgebung, Sockel sind braun, beim Schuppen sind die Wände gelblicher - bedingt durch den Klarlack, die Dächer sind rotbraun mit grün schattierten Ecken, Bj. 1937-41/42

Telegraphenmast 430 Bj. 1937-39, runder Druckguß Sockel, Metallmast, Isolator Halter ausgestanztes Blech, H 100 mm

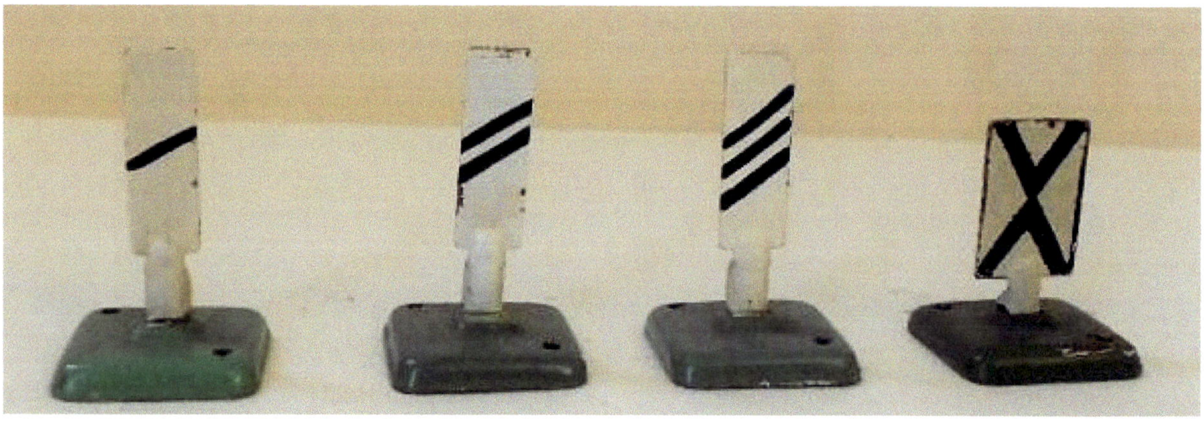

431 Signalbaken Satz, Bj. 1935-59, Blechausführung, handbem., H 35 mm, Unterschiede über die Jahre nur bei Lackierung (Farbe) Rechts im Bild:Vorsignaltafel 435, Bj. 1935-55

Läutewerk elektr. 438 Bj. 1937-61, Vers. 1
gelblicher Druckguß Körper Stoffkabel,
Version 2, heller, und Kunststoffkabel

438 H Bj. 1939 Handbetrieb
gelblicher Druckguß Körper,
vernickelter Klingelaufsatz

Übergangssteg 444.1. Bj. 1937-41 (1954), zwei steckbare Flügelsignale, Blechsockel ca drei mm hoch.
Steg 444.2. ab 1947-52 rot, Blechsockel ca zehn mm, ab 1952 wie Vers. 2 grau lackiert

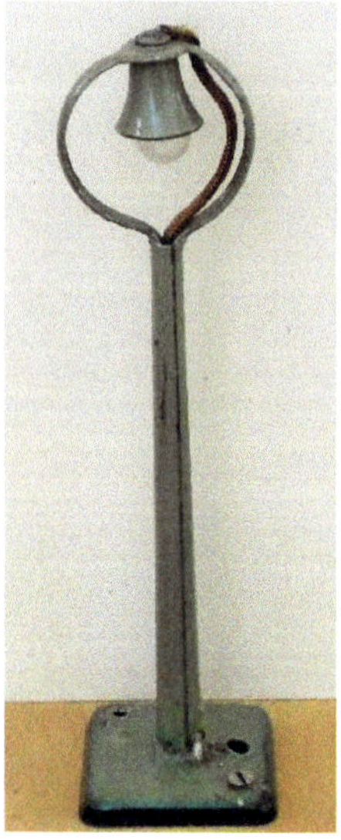

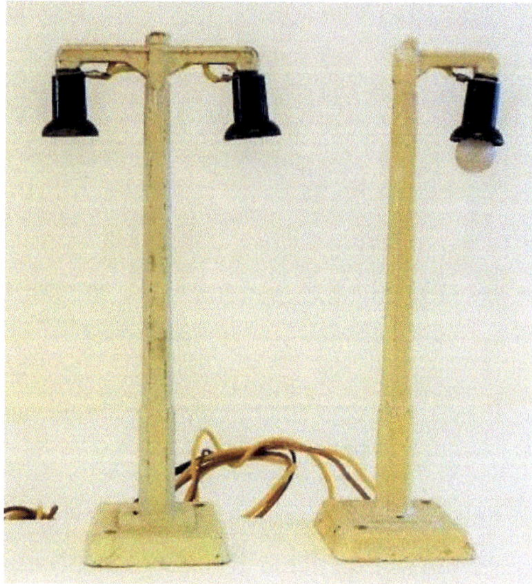

Ringkopflampe 447 Gußl. 4842, Vers. 1 Gußlampen 448/1 u. 448/2 Version 2

Ringkopflampe 447: Vollblech Ausführung, grün lackiert, Bj. 1935-40, H 115 mm
Gußlampe 448/1: Vollguß Ausführung, einarmig Bj. 1939-53
Gußlampe 448/2: Vollguß Ausführung, zweiarmig Bj. 1939-53
Die Lampen sind von 1939-41 mit Stoffkabeln ausgestatten, ab 1946 mit Kunststoff ummanteltem Kabel, es gibt diese Lampen auch mit grauer Lackierung (47/48). Ein wesentlicher Unterschied zwischen Vor und Nachkriegs Ausführung ist der Guß selbst. Die Vorkriegs Ausführungen sind aus einem Stück Guß, die Nachkriegs Ausführungen haben anstatt der mit gegossenen Mastspitze ein Messingteil eingeschraubt als Mastspitze.

Tunnel 452 Bj. 1935-37, L 120 H 90 mm
Tunnel 452N Bj. 1938-39, L 140 mm H 95 mm Abgebildet ist 452 N

Ohne Bild
Tunnel 453 Bj. 1937-39, Holzkonstruktion mit Massebewurf, plastisch ausmodelliert, naturalistisch bemalt, Turm aus Blech handbemalt

Bahnwärterhaus 455

Version 1: Vollblech Ausführung, steckbares Flügelsignal (Guß/Blech), Sockel gelblich bis grün, Wärterhaus mit blau gespritzten Fensterläden, Zaun grün o. hellbraun, Bj. 1939-40
Vers. 2: wie 1 aber Fensterläden braun gespritzt, Fensterkreuze, Sockel grau blau, Zaun hellbraun Bj. 1940-42
Version 3: größeres Schrankengewicht, Schrankenauflage Guß, Mastfuß beim Signal verstärkt, Bj. 1945-46
Version 4: wie 2 aber Wände grau Bj. 1946-49
Version 5: wie 2, Fensterläden dunkelrot, Wände graubeige, Bj. 1950-52
Version 6: wie 5 aber Fensterläden grün Bj. 1952-53

Bahnübergang 458.3 Bj 1937
Version 1: Bj. 1935, handgelötet, handlackiert, steckbares Wärterhaus, Mittelleiter 1 mm stark
Version 2: Bj. 1935, Schrankenstützen und Zäune verlascht, Mittelleiter 2 mm stark, Fensterläden grün gespritzt
Version 3: wie 2 aber Fensterläden blau gespritzt
Version 4: ab 1939 Fenster mit Fensterkreuz

Bahnübergang 458.1 EM Bj. 1938
Version 1: elekromagnetischer Betrieb bei den Schrankenbäumen, rote Signallampe, Fensterläden blau gespritzt, Bj. 1938/39
Version 2: wie 1 aber Fenster mit Fensterkreuzen, Fensterläden rotbraun Bj. 1939-42
Version 3: wie 2 aber Schrankenstützen aus Guß, Bj. 1945/46
Version 4: wie 2 aber Wände grau/beige, Fensterläden dunkelrot Bj. 1946-49

Mauersockel-Kran 463 Bj. 1939-54, Kran drehbar auf geprägtem Mauersockel, Arm beweglich m. Schnurlaufrolle. Ein Hebel f. Ausleger rauf/runter, der zweite Hebel für Seil rauf/runter, Drahthaken mit Bleiguß Kugel
Version 1: Bj. 1939 mit verlötetem Sockel, Dach rot und schwarz schattiert, Seilrollen aus Holz
Version 2: Bj. 1940-42 Sockel verlascht, Dach braun, Seilrollen aus Guß

Portalkran 464
Bj. 1939-1954
drehbar auf bewegl. Metallportal montiert, Ausleger wird über vordere Handkurbel bewegt, Seil über die hintere Handkurbel, Drahthaken mit Bleiguß Kugel.

Version 1: mit rotem Dach, schwarz schattiert, Kranhaus lachsfarben, Seilrollen aus Holz

Version 2: mit braunem Dach, Kranhaus gelblich, Seilrollen aus Guß

Bogenbrücke 467 Bj. ab 1935-1941, am Bild Version 1 von 1935

Bogenbrücke 467 links Version 1 von 1935, rechts Version 4 ab 1936
Version 1: fünf cm breit, Mittelleiter nur ein mm stark, am Boden gestempelt m. Märklin und Germany, Bj. nur 1935
Vers. 2: fünf cm breit, Mittelleiter zwei mm, gest. m. Märklin u. Made in Germany Anfang 1936
Vers. 3: sechs cm breit, Mittelleiter ein mm, gest. m. Märklin u. Made in Germany Anfang 1936
Vers. 4: sechs cm breit, Mittelleiter zwei mm, gest. m. Märklin u. Made in Germany ab Mitte 1936-41

Fahrdienstleiter 469
Bj. 1937-1950,
elektromagnetisch,
beweglicher Arm und
Signallicht

Version 1: Bj. 1937-40
Sockel grünlich

Version 2: ab 1947-49
Sockel graubraun

Version 3: ab 1949-50
Sockel grau

Stellwerk 473G/6 Bj. 1936-41 (1945-48)
Vollblech Ausführung für sechs Magnetartikel, Innenbeleuchtung m. zwei Stecksockeln,
Gebäude beige und Sockel grau/braun lackiert
Version 2: ab 1946 ohne Innenbeleuchtung, mit schwarzen Druckknöpfen

Stellwerk 473/12 Bj. 1937-39 wie 473 /6, aber für zwölf Magnetartikel

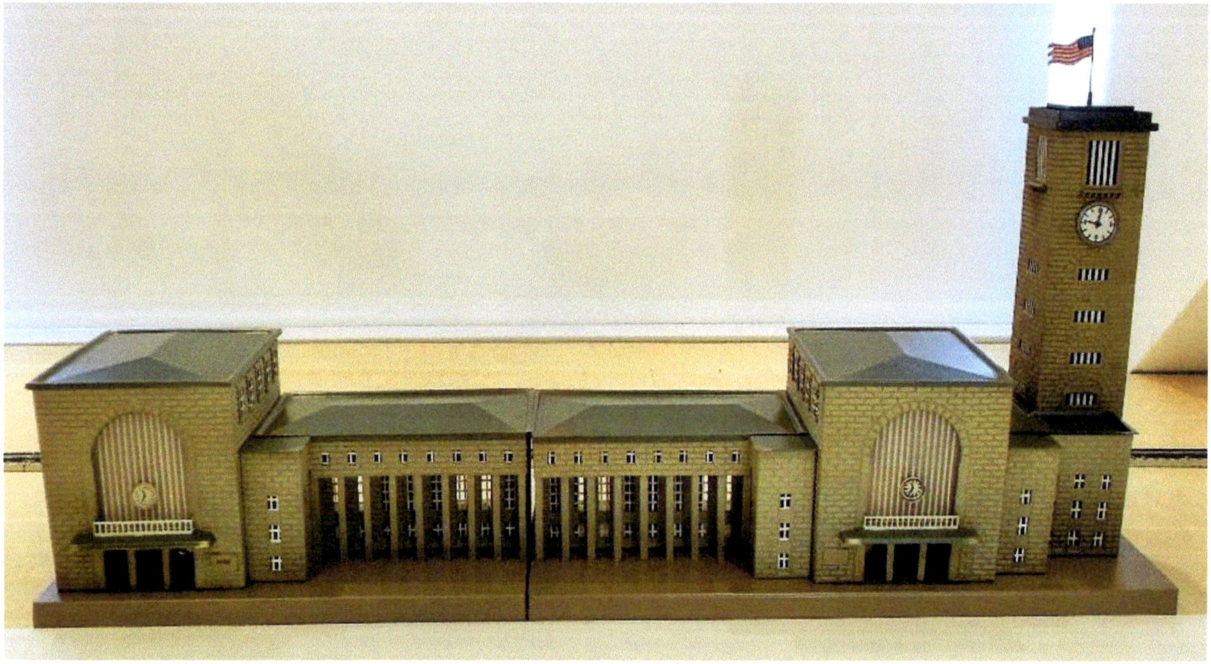

Stuttgarter Hauptbahnhof am Bild die PX Version, Gebäude grau und Sockel braun

Großstadtbahnhof, bestehend aus: Hallenteil 2038 B und Turmteil 2039 B (Garnitur 2039 G)
Version 1: Bj. 1938-39, Vollblechausführung, geprägte Steinmauern, Gebäude hellocker lackiert, Dächer alle abnehmbar und dunkelgrün lackiert, an den Dachecken kupferfarben schattiert, im Turm imitierte Uhr.
Hallenteil L/B/H 355*205*195 mm, Turmteil L/B/H 480*205*195 mm (Höhe Turm 355 mm)
Version 2: Bj. 1946 PX Version Wände grau, Dächer nicht schattiert und helleres grün
Version 3: Bj. 1947-48, Farbvarianten bei den Wänden von grüngrau bis hellocker ohne farblosen Decklack

Fahrdienstleiter 2283 Bj. 1938/39, Handbetrieb, Arm mit Kelle bewegl., Sockel 60*45 mm, H 50 mm

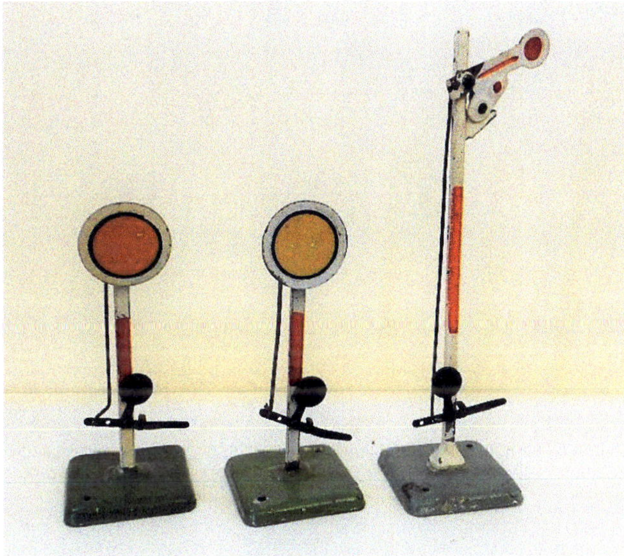

Form Vorsignal 435 u. Form Hauptsignal 440, Bj. 1935-54 Handbetr., versch. Jahrgänge abgebildet

Formvorsignal 437 Bj. 1938-41 (1946-47) elektromagnetisch Vollguß, beleuchtet bewegliche Signalscheibe

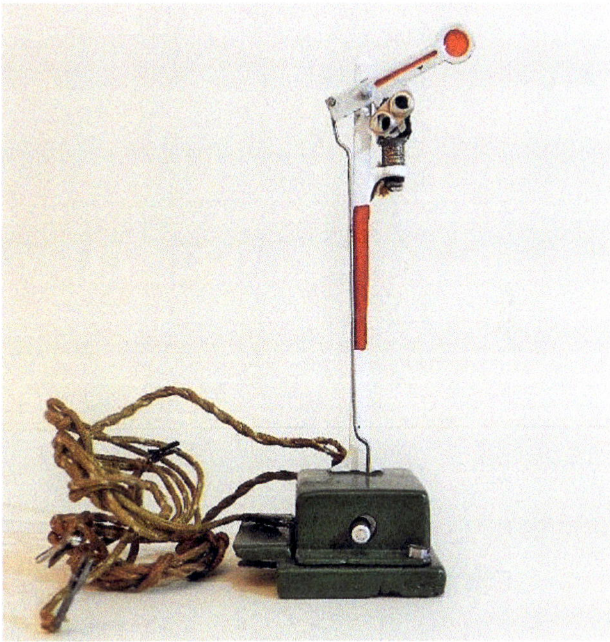

Formhauptsignal 442G Bj. 1938-40 (1946-47) elektromagnetisch Vollguß, Blechflügel beweglich, beleuchtet

Lichtsignal 478EMG Bj. 1937/38 (Vorserie, Bude mit glattem Blechdach) elektromagn. zwei Lampen Öffnungen

Lichtsignal 478E Bj. 1938, Wellblechbude elektromagn., zwei Lampen Öffnungen

Lichthauptsignal 476N. Bj.1939, Handbetrieb Vollguß, vier Lichtöffnungen,beleuchtet

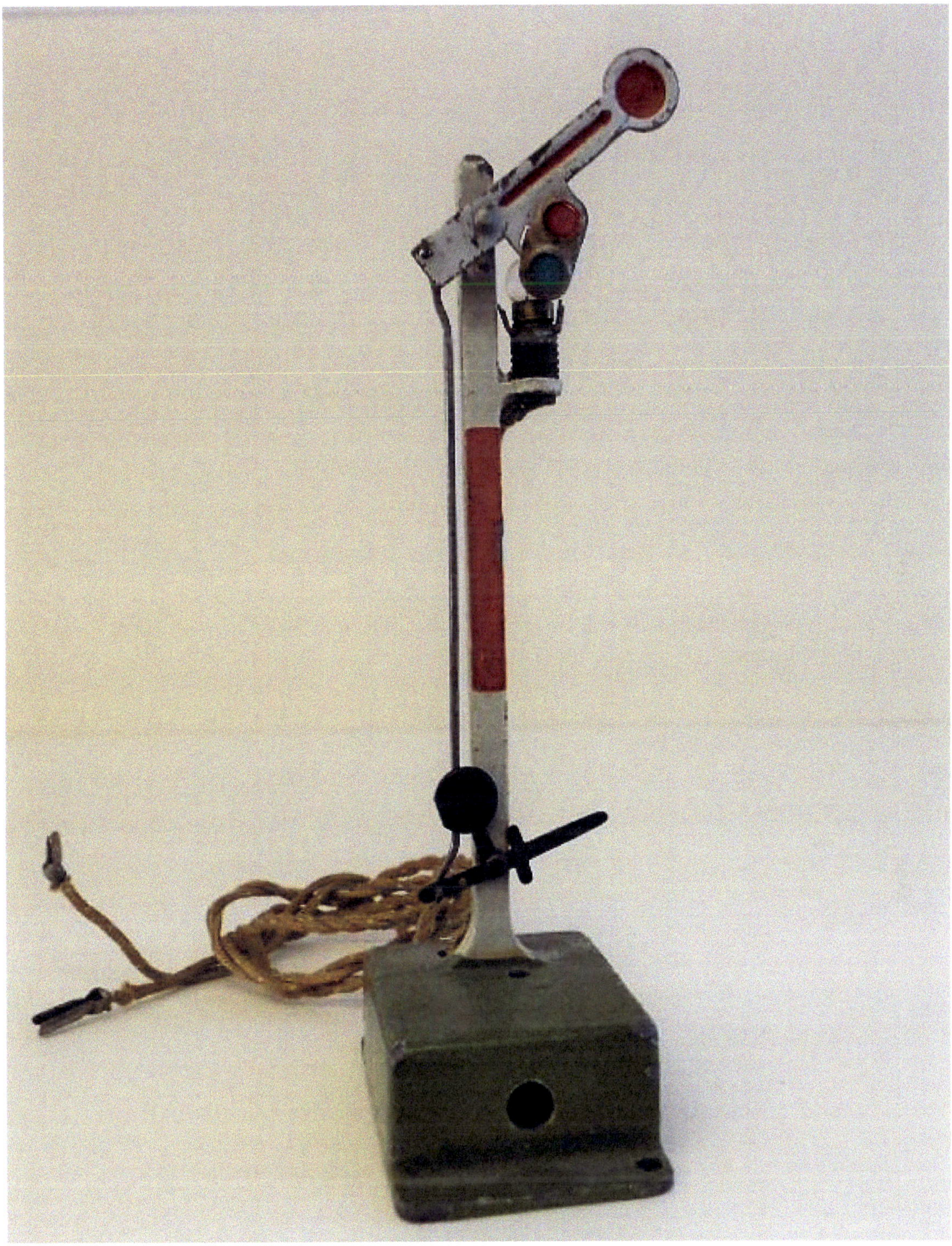

Form Hauptsignal 440B
Bj. 1938-40, beweglicher Blechflügel, beleuchtet

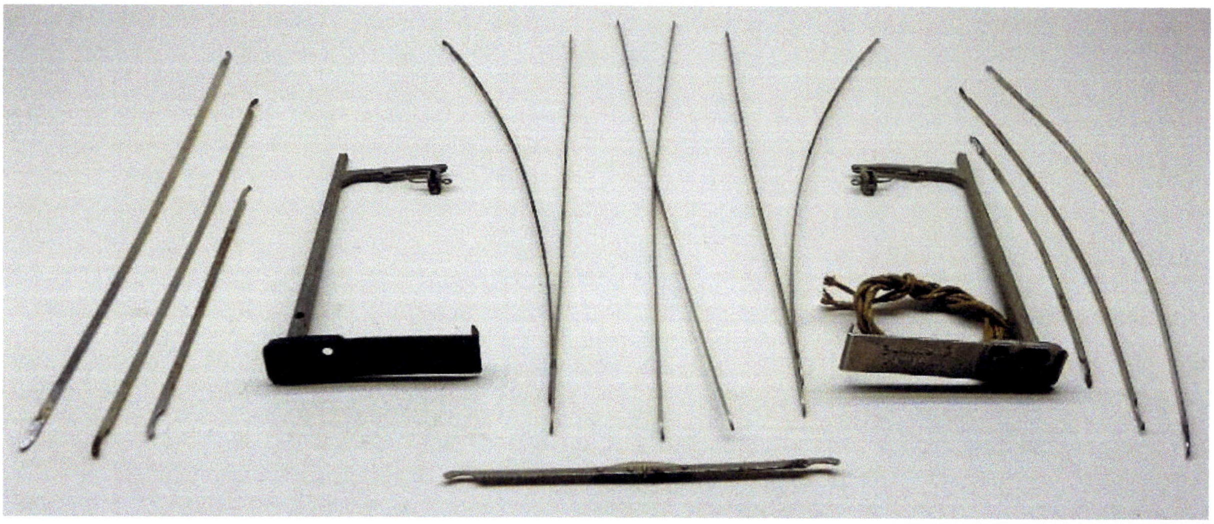

Oberleitungs Set- ohne Abbildung: doppelte gerade Leitung, 407V

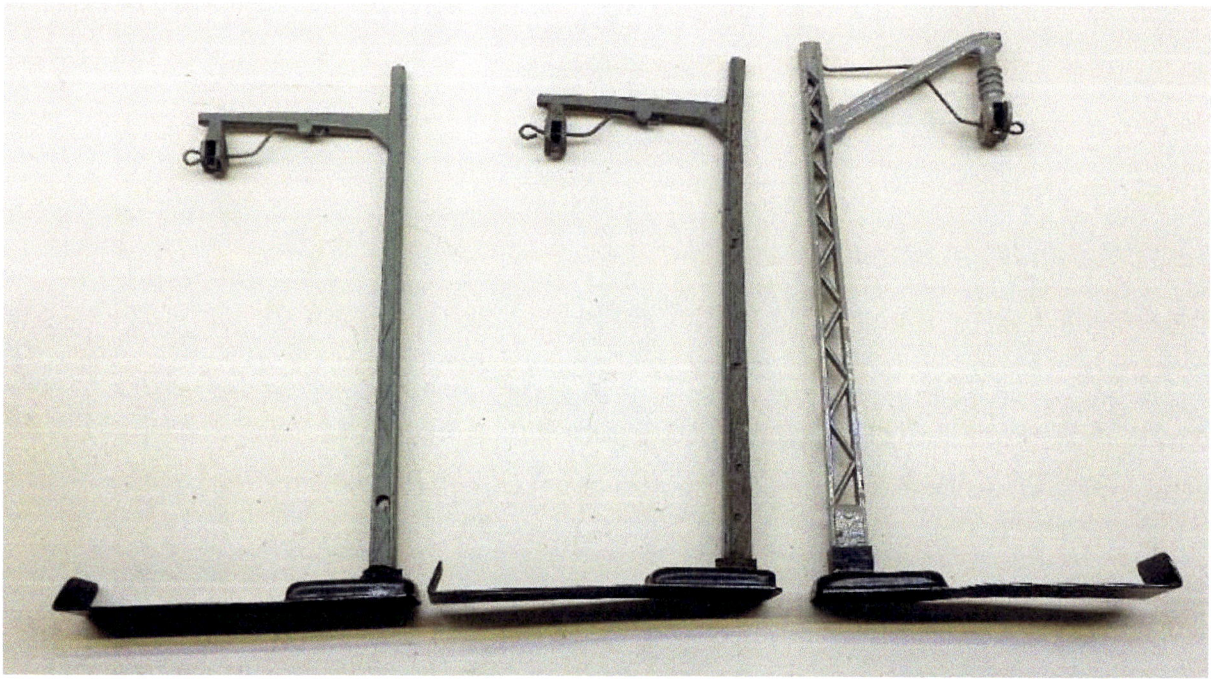

von links: Mast 407M Vorserie, Mast 407M, Mast 407M Nachkriegs Ausführung

407M Mast, 407MA Anschlußmast
407D gerade Fahrleitung, 407D 1/2
407A gebogen, 407A 1/2
407K Kreuzung
407W Weiche links/rechts
407U Unterbrecherstück
407V Verbindungsmuffe

Oberleitung: Im Bild oberhalb ist der Vorserien Fuß gestempelt, unterhalb die Serie geprägt

Schienen und Weichen

Links AR 3600 (Regulier Gleis), Mitte: gebogenes Gleis 1/1, gerades Gleis 1/1; Mittelleiter 1 mm stark

Oben im Bild: AR 3600 mit Mittelleiter ein mm Bj. 1935,
unten: AR 3600, Mittelleiter 2 mm Bj. Anfang 1936

Seitenansicht AR 3600 Bj. 1935

Anschlußgleis 3600 AA gebogen Bj. 1936, Befestigungslöcher mittig, Gleiskörper vom AR 3600 noch mit Ausstanzungen links und rechts in der Böschung

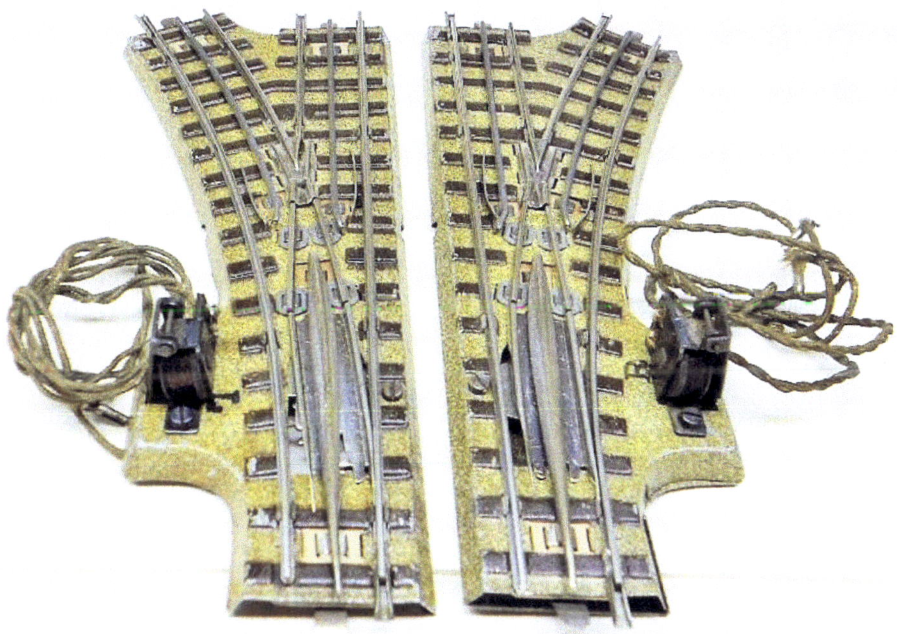

Weichenpaar elektrisch erste Generation Bj. 1935/36

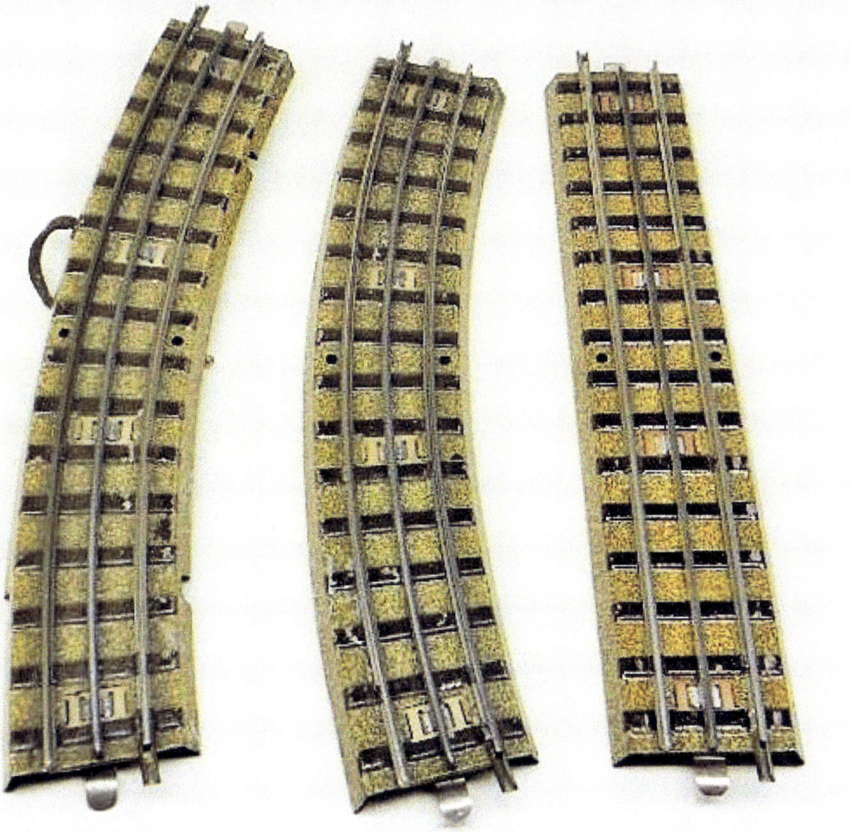

Gleise Bj. 1936, Mittelleiter 2 mm stark, Befestigungslöcher noch mittig

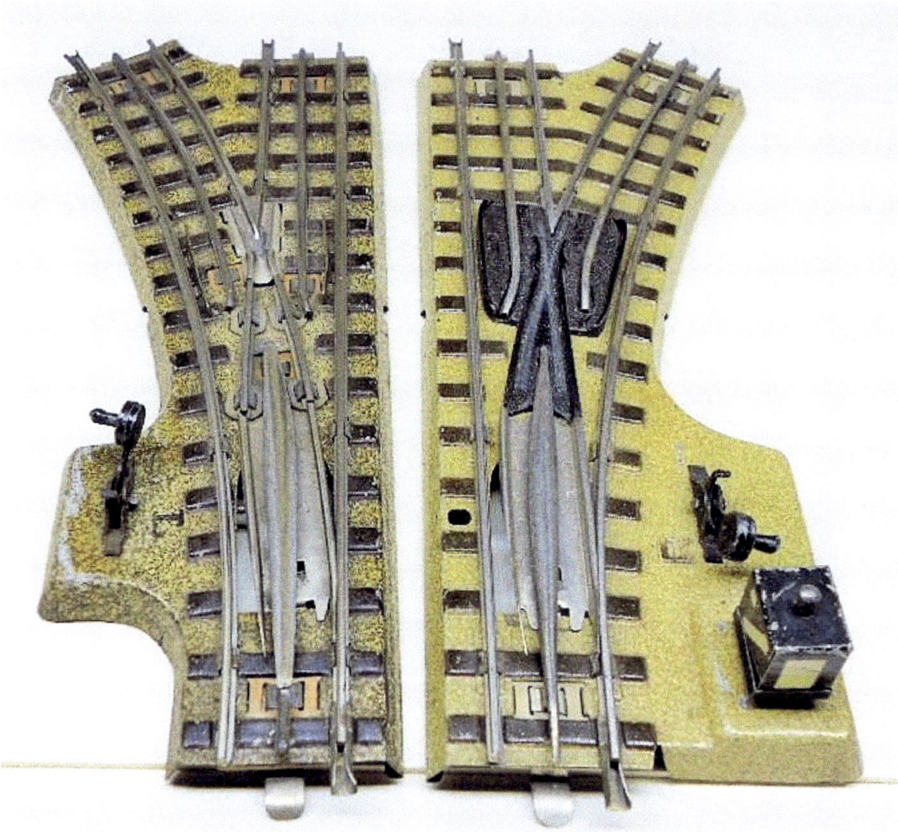

Handweichen 3600W links im Bild Bj. Anfang 1936, rechts ab Mitte 1936-41/42

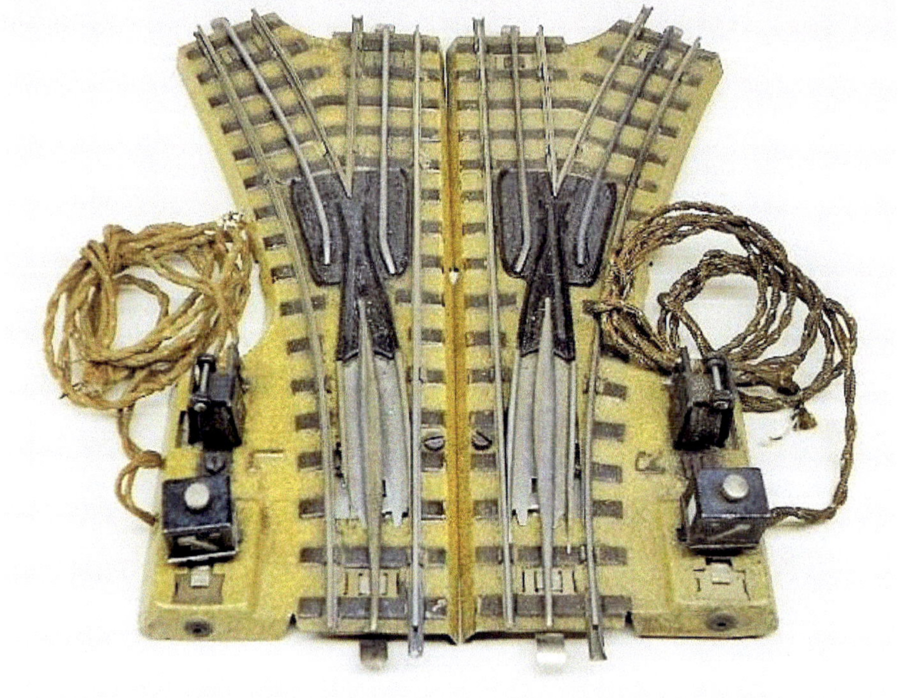

Elektr. Weichenpaar 13600EWB Bj. 1937/38-41/42, mit beleuchteten Laternen, denselben Weichentyp gibt es als Artikel 13600EW. mit Blindlaternen

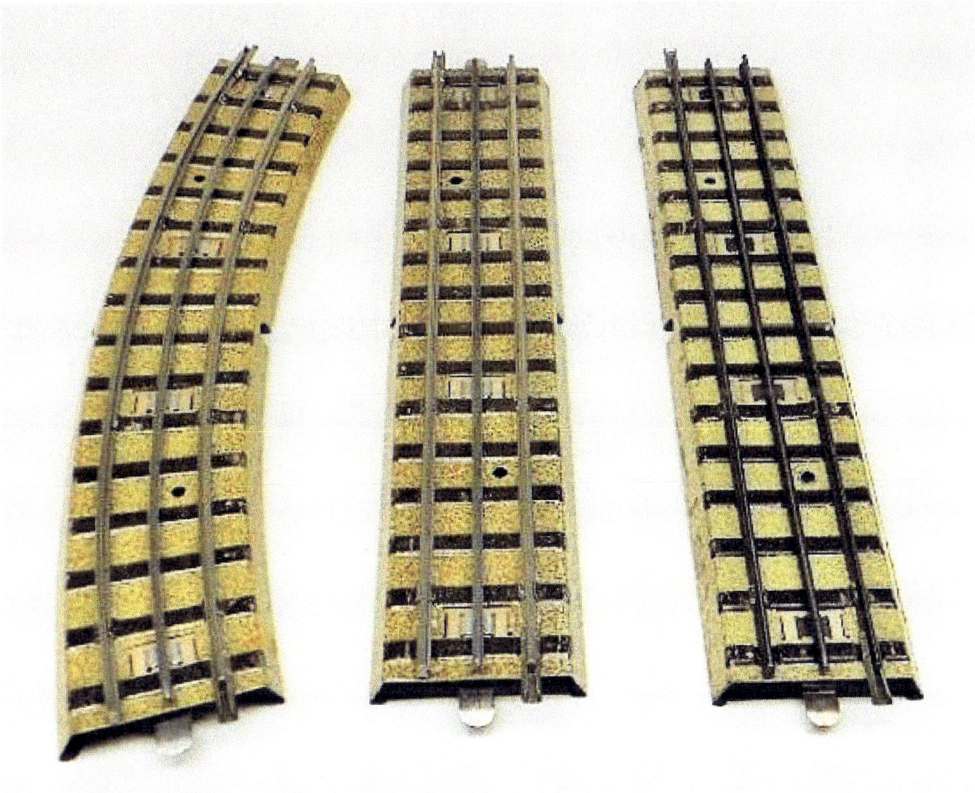

Gleise ab Mitte 1936, Befestigungslöcher versetzt, Schienenprofile vernickelt, ab Bj. 1941 Schienenprofile brüniert (rechts im Bild)

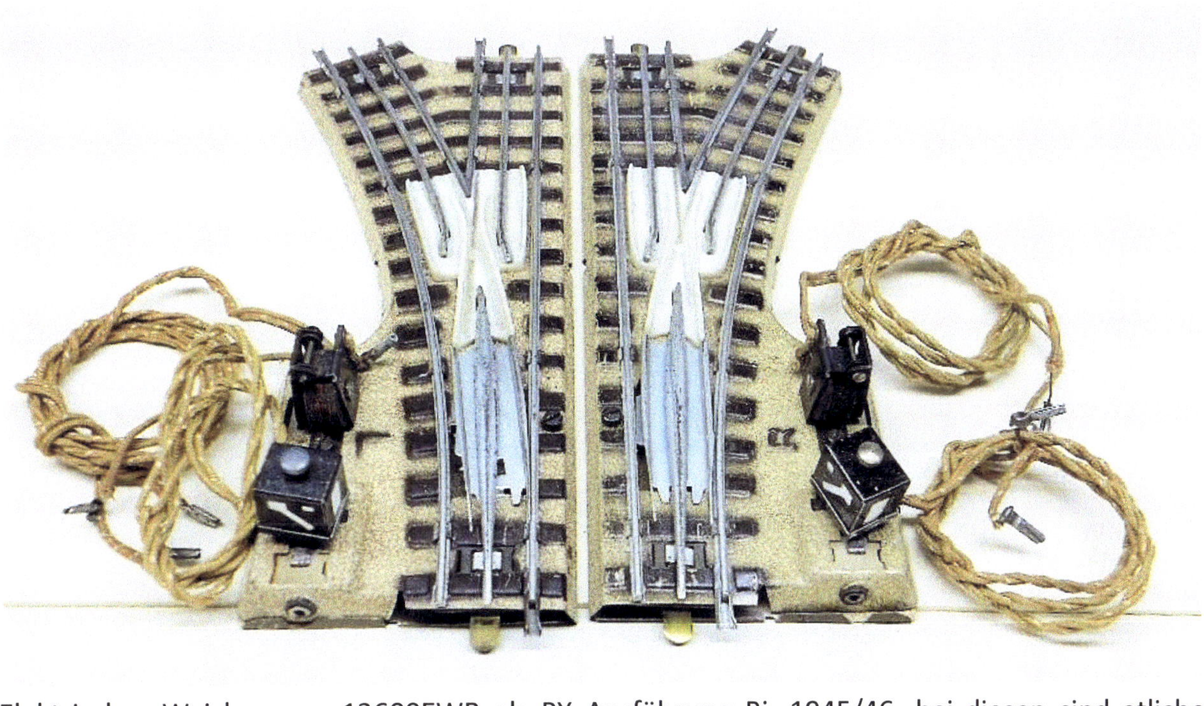

Elektrisches Weichenpaar 13600EWB als PX Ausführung Bj. 1945/46, bei diesen sind etliche Farbvarianten zu finden

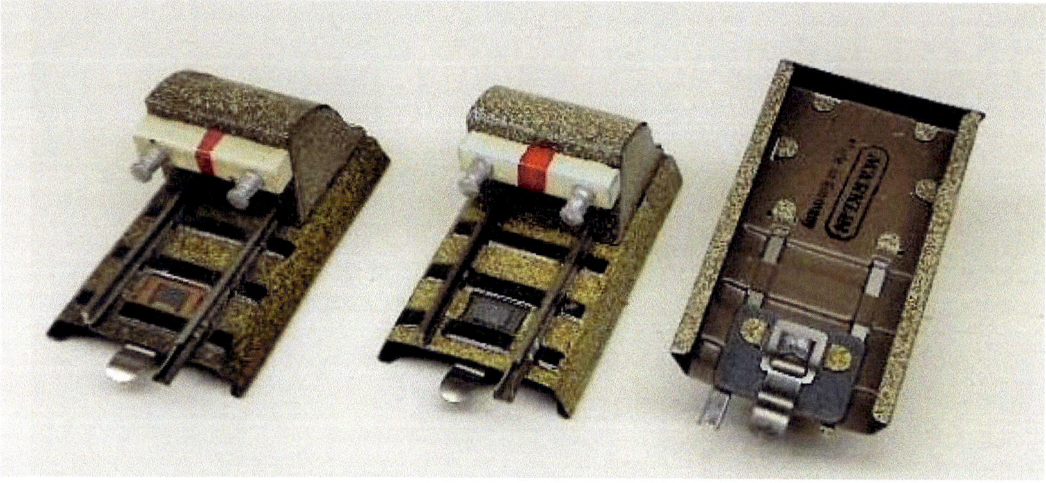

Prellbock 462 Bj. ab 1935 - 48/49

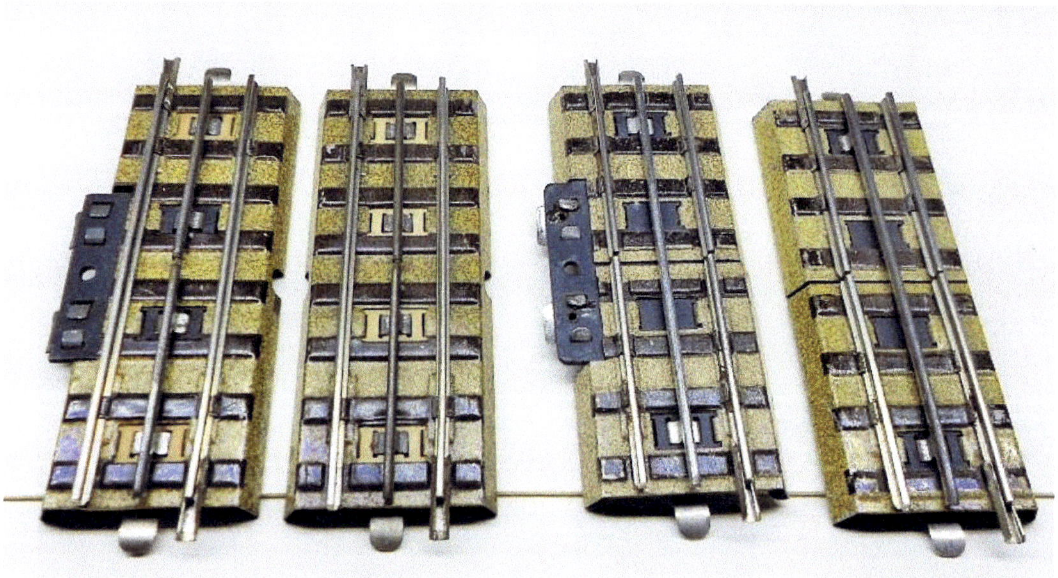

Kontakt- und Unterbrechergleis 3600KPN u. 3600UN
Links im Bild Version mit unterbrochenem Mittelleiter, rechts sind Außenstränge unterbrochen (für Oberleitungs betrieb)

Trenngleis 3600T 1/8 und 1/4, zum vollkommenen Trennen einzelner Stromkreise

Transformator 13474X Bj. 1936, oben am Trafo befinden sich zwei Steckbuchsen für ZS 491, damit läßt sich das AR 3600 verbinden

Trafo 271A Bj. 1936/37 stufenlos regelbar, Ausführung f. Schweiz mit klarer Kontrollleuchte, beim DE-Serienmodell ist die Kontrollleuchte rot

Fernschalter 494 (Gleichrichter) Bj. ab 1935

Geschwindigkeitsregler 492 Bj. ab 1936

Kabel 493, links im Bild nur 1935 über= geschobene rote Kunststoff Muffen, Mitte: ab 1936, rechts ab 1946

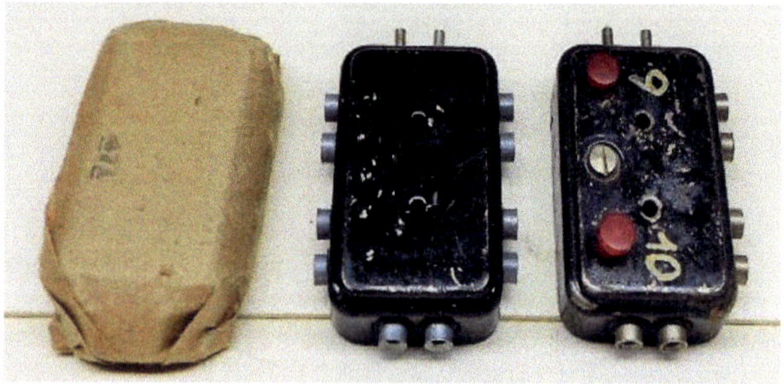

Stell und Verteilerplatte 471 und 472 1935-48/49

Beleuchtungssockel 481 Bj. ab 1935

Wagenbeleuchtung 484/2 Bj. ab 1938

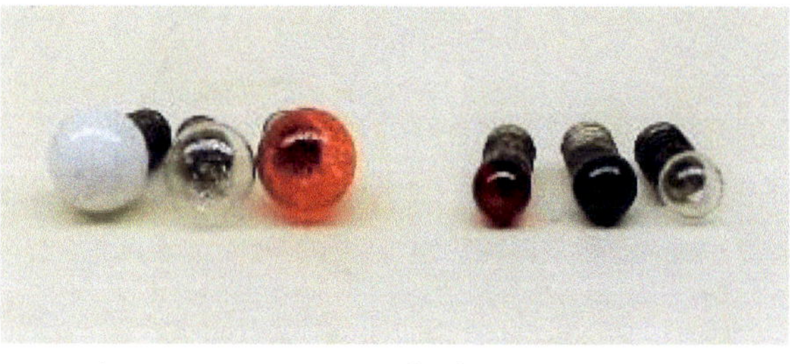

Ersatzbirnen 499 in Weiß ab 1935, Dm 9mm
Ersatzb. 495 ab 1936, Dm 6mm

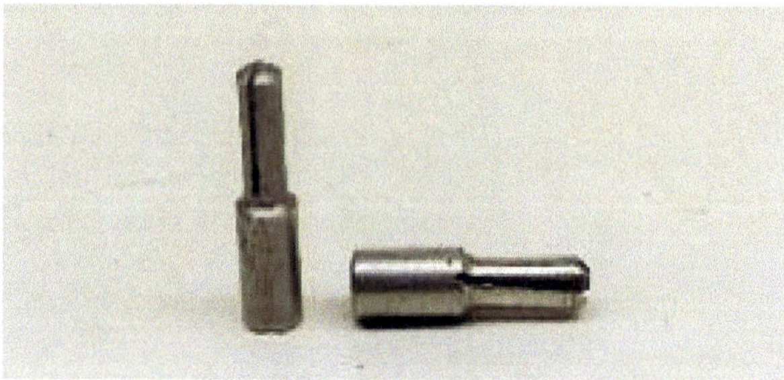

Zwischenstecker 491 Bj. 1935

Vorserien Handschalter H 498 Bj. 1935

links: Vorserie, rechts: H 498 Serie

links: aufsteckbarer Fernschalter U 498 (Gleichstrom), rechts: H 498 (Wechselstrom)

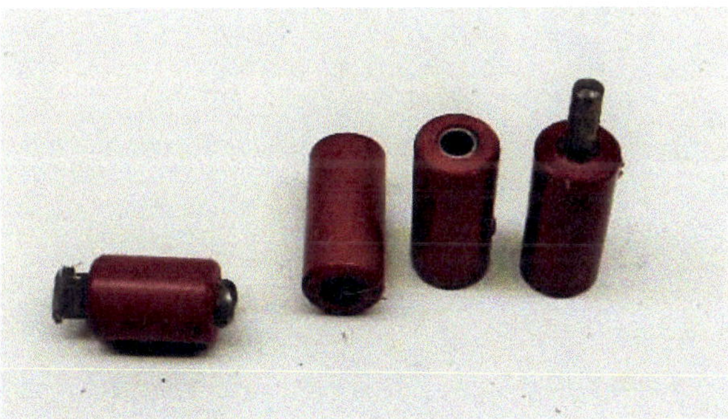
Muffen u. Stecker 493M/493S
links: Muffe von 1935, rechts: Muffen und Stecker ab 1936

Kohlen und Bürsten

Detailbild Vorserienfahrwerk f. zB. R od RS 700, links im Bild vom Schleifschuh zu den Halte= fingern ist eine Gerade

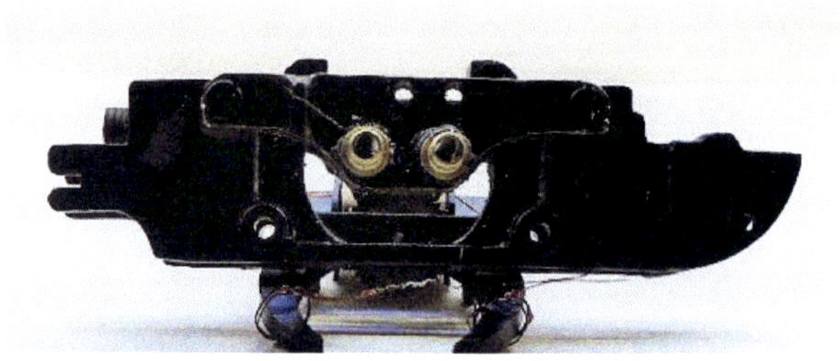

Detailbild Serienfahrwerk f.zB. R, RS, SLR 700, links im Bild ist eine runde Ausnehmung vom Schleifer zu den Haltefingern (abgebi. ist ein TWE Fahrwerk)

Detailbild Fahrwerk f. zB HR od. SK 800, Bj. ab 1938, bestückt mit Schraubmotor, verschraubtem Relais, breitem vernickelten Radsatz, Handumschaltstange

Detailbilder Kupplungen, von links:
Typ KK 1. ohne Verbreiterung rund um den Niet, Bj. 1935
Typ KK 1.2. mit Verbreiterung um den Niet Bj. ab 1936
Typ KK 2. vernickelte Klauenkupplung ab 1937-38, es gibt zwei Varianten
Typ KK 3. Bj. ab 1938-40, vernickelte, beidseitig bewegliche Klauen
Typ BK 4.1. Bj. 1939 vernickelt, hinter dem Kuppelhaken ein kleiner runder Ausschnitt
Typ BK 4.2. Bj. ab 1940 vernickelt, hinter dem Kuppelhaken ist Öffnung jetzt halbkreisförmig

Von links:
Typ KK 3. vernickelt, beidseitig beweglich verbaut bei 351-354
Typ KK 3. vernickelt, beidseitig beweglich verbaut bei RS 800
Typ BK 4.1.2. Rohblech Bj. 1945/46, verbaut bei zB RS 800
Typ BK 4.2. brüniert ab Bj 1947, verbaut bei zB. RS 800
Typ BK 4.2. brüniert ab Bj. 1947, verbaut bei zB. 341-44, und 351-54 bei den großen mehrteiligen Gußdrehgestellen

Drehgestelle, links Vorserie Federpakete zeigen nach oben, rechts die Serie

Links: Drehgestell mit Federpaketen verkehrt rum, Bj. nur 1935
Mitte: Drehgestell Serie bis 1939
Rechts: Drehgestell Serie ab 1939, mit verlängertem Träger und Führungsschlitz für KK 3. bzw für die "neue" BK 4

Zusatzkupplung ZK, Bj. 1939/40, Verbindung zw. KK und BK4

Figurensatz 405 G Bj 1937-39

Figurensatz 495 GN Bj.ab 1939-40